サクッとわかる

防衛学

ビジネス教養

小野圭司 監修
防衛研究所 主任研究官

新星出版社

はじめに introduction

「何となく避けている」「考えないようにしている」ではダメ 防衛問題を知ることは、自分たちの自由や幸福を考えること

日本人が軍事・防衛問題を考えるとき、例外なく太平洋戦争の悲惨な状況を思い浮かべます。なぜあのような事態を招いたのか。この問いは、幾度となく我々の脳裏を横切ってきました。これは何世代を経ても変わることがないでしょう。このような「平和を愛する気持ち」は我々の美徳として、いつまでも大切にして欲しいと強く願います。

しかしその一方で、私たち日本人は軍事・防衛問題に向き合うことが下手になったようです。下手ならまだいいのですが、「何となく避けている」「考えないようにしている」のではないでしょうか。

軍事・安全保障の目的は、我々の生命・財産を武力攻撃から守ることにあります。しかし意外と忘れられているのが、その前提となる自由や幸福を追求する権利などの基本的価値を守ることも含んでいる点です。

「自由や幸福を追求する権利（基本的価値）」は、「平和を愛する気持ち」と重なりま

す。ただ日本にいるとなかなかわからないのですが、このような基本的価値が守られている国は世界のなかでも意外と少ないのです。

権威主義的な国では基本的価値は存在しない状態ですし、権威主義的な国が他国のそれを奪う・踏みにじるという事例も多発しています。軍事・防衛問題について考えるということは、「日本がそのような被害に遭わないためにはどうすべきか」を問うことでもあります。

そうは言っても、「軍事・防衛問題は非日常的であり難しい」と感じている人も多いでしょう。ミサイルや戦闘機・潜水艦、電磁波領域など、確かに軍事・防衛問題では日常生活では接することの少ないモノや言葉が行き交います。

そのような観点から本書では、できるだけわかりやすく、かつ客観的に防衛問題を解説するように心がけました。「何となく避けている」「考えないようにしている」呪縛から解放される感覚で、本書を読み進んで頂きたいと思います。

小野　圭司

目次 CONTENTS

Chapter 3
防衛戦略を左右する 世界の勢力図

Chapter 4
事例で見る 各国の背景と防衛

STAFF

デザイン……鈴木大輔・仲條世菜（ソウルデザイン）
イラスト……大塚しろ
DTP……高八重子
企画……千葉慶博
編集……株式会社KWC

※本書の情報は2024年3月時点のものになります。掲載されているイラストや地図はイメージです。

「防衛」を知れば

ロシアはどうして
ウクライナに侵攻した？

➡P124

パレスチナ問題が
決着しないのは
なぜ？

➡P134

日々、ニュースからはさまざまな世界情勢が流れてきます。しかし、個別の問題について次々と報道される最新動向を追うだけでは、

国同士の対立の構造と行方が見えてくる！

米国と中国が対立しがちな理由は？

➡P56

日本の防衛費対GDP2%目標はなぜ？

➡P53

なかなかその構造や原因は見えてきません。

２０２３年からはじまったイスラエル・ガザ地区危機のそもそもの問題はどこにあるのか、日本の国防支出対ＧＤＰ２％アップ目標の報道についてどう捉えればいいのか。**ビジネスの合間に出る話題に自分なりの意見を持つためには、世界の対立の構造や各国の思惑を押さえておく必要があります。**

その理解に役立つ知識ジャンルのひとつが「防衛」です。

ウクライナ侵攻には私たちも参戦していた!?

2022年から続くロシアによるウクライナ侵攻には、日本人の多くが心を痛め、ウクライナ支援のムードが高まりました。支援活動や募金など、実際に行動に移した人も少なくありません。

実はそれらは**ウクライナの「認知戦」が功を奏した**

詳しくは
P124

結果です。認知戦とは、簡単に言うと情報を使った印象操作のこと。私たちはSNSやニュースで目にする衝撃的な映像や、煽情的な情報によって自然とロシア、ウクライナ双方に善悪のイメージを固定し、やがてそれが〝世論〟へと醸成されていきます。さらにその情報を拡散したり、援助など行動に移したりすることで、間接的に遠くの国同士の戦いに参戦しているとも言えます。**これはSNSが発達した現代ならではの戦い方のひとつ**です。

防衛の新領域

ハッキングから認知戦まで

国家機関へのハッキング、市民生活の混乱を狙ったインフラへのウイルス攻撃など、サイバー攻撃は多岐にわたります。平時の偵察に加え、有事には軍事行動に先んじて対処する機能が必要です。

相手の武器を無効化

指揮通信や警戒監視など、軍事的にも幅広く利用されている電磁波。各国ともに周波数の管理をはじめ、相手国から電磁波攻撃を阻止・無効化する装備品の開発、確保を急いでいます。

鉄帽子と迷彩服姿でライフル銃を片手に戦場で息をこらす陸軍兵士、操縦テクニックを駆使して戦闘機を駆る空軍パイロット…そんな従来の三次元の防衛、戦場のイメージが変わりつつあります。

現在、**各国が重視する防衛分野は宇宙、サイバー、電磁波の領域**です。それらは頭文字をとって「ウサデン（宇サ電）」と呼ばれます。衛星情報を使い、部隊位置の把握や通信手段の確保を目指す「宇宙領域」、他国からのサイバー攻撃を防ぎ、

詳しくは
P150

「ウサデン」って？

偵察衛星の打ち上げ合戦に

2022 年のウクライナ侵攻では、米国の軍事衛星からの精緻な索敵情報がウクライナ軍の善戦に関与。日本も 2029 年度までに「情報収集衛星」を新たに 6 ～ 7 基を打ち上げる予定です。

より高度な情報収集・分析を行うことを目指す「サイバー領域」、電磁波の帯域を活用して味方のネットワーク化を進めつつ、敵からの電波妨害を防ぐ「電磁波領域」が、今後の重点分野です。**さらに無人機やAI技術の活用も進んでいます**。実際に銃弾が飛び交うより手前の攻防が激しくなっているのです。

まるでスマホのOS!?

詳しくは P106

部品やアップデートも規制に合わせる必要アリ

スマホがOSに合わせてアプリのインストールやアップデートを行う必要があるように、武器も部品交換やソフトウェアを規格に寄らなければなりません。そのため一度規格を決めると、気軽に変更できないというのもスマホ同様です。

戦場で使われる銃や装甲車、野戦砲、ミサイル、戦闘機といった武器。実はスマートフォンにiPhone、AndroidといったOSがあるように、武器にも2つの規格があります。**世界の武器はNATO規格、旧ソ連規格の2種類にわかれます**。日本が使うのはNATO規格で、規格が違えばその弾薬は使用不可です。

2022年ウクライナ侵攻で武器不足が指摘されるロシアですが、その裏には規格の問題で提供可能な相手国が少ないという問題も。

武器にも規格があるって知ってた？

ちなみにＮＡＴＯ側では近年コスパに優れた韓国製武器が熱視線を集めています。

防衛というと壮大なテーマではありますが、**実はそんなリアルな問題の積み重ねの上**で行われていることでもあるのです。

Defense of each country
Column 01

ニュースでよく聞く
ミサイルの種類①

ミサイルとは、基本的に目標を捉えて誘導する「誘導制御装置」、目標に向かって飛ぶ「推進装置」、目標を破壊する「弾頭」の3つのシステムが組み込まれた武器を指します。その種別はさまざまですが、まず大きくは【「何から発射されたか（プラットフォーム）」対「何を目標とするか」】で分類されます。例えば戦車から発射され、戦車や建物など地上の目標物の破壊を目的としたミサイルは「地対地ミサイル」です。

［ プラットフォーム&目標別ミサイルの分類 ］

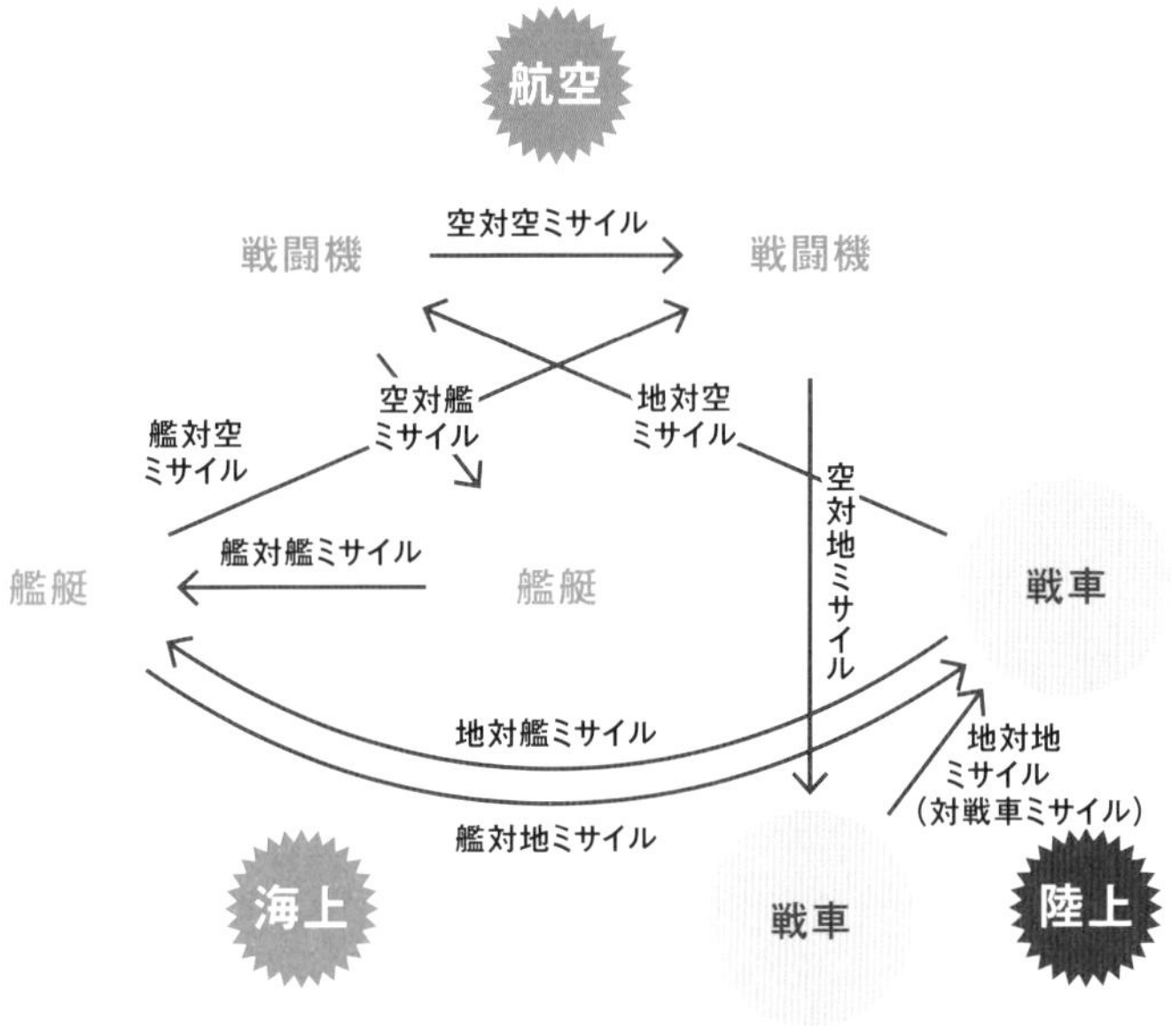

Chapter 1

防衛の基礎知識

現在の防衛を理解する上で、押さえておきたい基本的な知識を紹介します。防衛＝戦争じゃない？　ニュースでよく聞く“抑止力”って？　など、今さら聞けない「そもそも」からチェックしましょう。

基礎知識 1

そもそも 防衛って何？

安全保障の下の階層にある概念で奥の手として備えるカード

防衛＝戦争じゃない！安全保障のための一手段

国家には防衛の概念の上位に、「安全保障」という大きな考え方があります。**安全保障とは、国が「国民の生命、財産、経済的繁栄、自由民主主義、基本的人権の尊重を保障すること」**。各国は、国外からの攻撃・侵略などにより安全保障が脅かされることを未然に防ぐために、日ごろから諸外国と外交、経済協力、援助、投資などの不断の努力を続けています。つまり、私たちが日々安心して暮らしていくための環境づくりを、知らない間に国が責任を持って行ってくれているということです。

しかし、自国の利益を優先する国同士の交渉は、そんな努力を重ねてもなお主義主張のミスマッチが解消されないことがあります。言うことを聞かせるために相手が武力での対応をちらつかせてきたとき、こちらが丸腰では言いなりにならざるを得ません。**いざというときの奥の手であり、備えのカードが「防衛」**なのです。

安全保障の概念

国が自国の国民の生命、財産、経済的繁栄、自由民主主義、基本的人権の尊重を保障すること。

安全保障のために国が持つカード

平時のカード

1 国同士のコミュニケーションの基本
外交・経済協力

2 影響力を高めるための
経済援助・投資

奥の手としてのカード

3 最後の手段としての
防衛

①、②を重ねた上での「奥の手」の備えが、無用なトラブルを避ける抑止につながります。

基礎知識 2

そもそも 防衛の主役・軍隊って何？

「国民の安全を守ること」を目的として行動する実力組織

指揮系統や国際法遵守など戦争にもルールあり

現在は世界のほとんどの国が防衛力として軍隊を保有しています。国によって特色は異なるものの、軍隊とは、大きくは国民の安全を守ることを目的として組織された国家の実力組織のことを指します。**具体的な任務としては、「軍事侵略の抑止や阻止」**、**「国内の治安維持」**、**「それ以外の行動」**があります。

ただ戦闘能力を備えているだけでなく、**国家の中枢と連携する組織であり、明確な指揮系統が備わっていることも条件**となります。さらに国家の正規軍として戦争に参加するためには、戦争法規に従わなければなりません。戦争の国際的な規定となる「ハーグ陸戦条約」では、戦場において交戦者として認められる条件として、**①部下の行動に責任を負う1人の責任者が指揮している、②遠方から確認できる特殊標章をつけている、③武器を隠さずに携帯している、④戦争の法規と慣例に従って行動している**の4点があげられています。

軍隊の目的

相手に攻撃意志を抱かせない!

1 軍事侵略の抑止、阻止

実際に侵略されたときに迎撃、反撃行動に出ることだけでなく、あらかじめその能力を備えることで相手に攻撃の意志を抱かせないことが最大の目的となります。P24で解説します。

国内の安全も大事!

2 治安維持

国内の治安を安定させ、国家体制を維持することが第二の目的です。平時は警察がその役割を担いますが、その範疇を超える事態が起きたとき、より強力な武力を持つ軍隊が出動します。

災害対応も防衛の範疇

3 国民の安全を守る軍事行動以外の活動

国民の安全が広く脅かされるのは、戦地だけではありません。災害、パンデミックなど非常事態への対応・支援も軍隊の仕事です。また国際協力への派遣や国家行事への参加なども広い意味で防衛の範囲に含まれます。

基礎知識 3

そもそも 日本の防衛を担う自衛隊って何？

日本が〝自衛権〟を行使するために持つ必要最小限レベルの武力

憲法第九条のもと専守防衛を基本方針とする日本

日本は国内、国外に多数の犠牲を出した第二次世界大戦への反省から、旧日本軍を解体し、現在、防衛のために備える組織は自衛隊です。

自衛隊は「憲法第九条」との兼ね合いから、その存在がしばしば議論されてきました。日本国憲法第九条第二項には「……陸海空軍その他の戦力は、これを保持しない。国の交戦権は、これを認めない」とあります。その上で、日本も独立国である以上、主権国家として固有の自衛権を持っています。**自衛権とは、相手が武力攻撃を仕掛けてきたとき、それを排除するための国際法上の権利です。「日本は戦争を放棄したが自衛権はある。そのための必要最小限度の実力を持つ組織が自衛隊」**というわけです。

なお、自衛隊の任務や組織、行動、権限は「自衛隊法」により定義されています。日本を守るための防衛行為は、自衛隊の最重要任務であり、唯一自衛隊のみが果たすことができる行為です。

自衛隊法による任務の規定

自衛隊の任務は、大きく「本来任務」と「付随任務」にわかれています。本来任務はさらに「主たる任務」と本来任務に影響がない範囲で行う「従たる任務」にわけられます。

本来任務

付随任務

- 国賓などの輸送
- スポーツ大会の支援など

主たる任務

我が国の防衛

日本国を防衛するために行う防衛行為。自衛隊のみが唯一果たすことができる。

従たる任務

公共の秩序維持

警察機関のみでは対処困難な国内事態に対応する任務。治安出動や海上での警備行動、弾道ミサイル等の破壊措置、災害派遣、領空侵犯の措置など。

重要影響事態への対応

日米安保条約に基づく後方支援活動など。

国際平和協力活動

PKO 協力など。

自衛隊の成り立ち

マッカーサー

1945年

終戦…旧日本軍解体へ

日本は敗戦し、陸軍省、海軍省が解体。翌 1946 年に日本国憲法が公布。

1950年

警察予備隊発足

朝鮮戦争に米軍の日本駐留軍が動員されることになり、日本国内の防衛・治安維持を行う組織が必要と考えられ、マッカーサーの指示により発足。2 年後には機雷除去の目的で海上保安庁に海上警備隊も発足。

1952年

警察予備隊は保安隊へ

保安庁法が制定され、警察予備隊は保安隊に改編。海上警備隊も保安庁に移管。

1954年

自衛隊法施行。自衛隊創設

「防衛二法」と呼ばれる自衛隊法と防衛庁設置法が施行され、陸・海・空自衛隊が創設。保安庁は防衛庁に。

基礎知識

4

そもそも 抑止力って何？

相手に〝強制的な現状変更〟の意志を抱かせない力のこと

「武力で言うことを聞かせられるかも？」という期待から、強制的な〝現状変更〟へと持ち込まれないこと＝抑止力こそが、重要となります。抑止力は、防衛の範囲に限りません。外交力、経済力、世界への影響力など安全保障の枠組み全体でかためる必要があります。

また一国だけで十分な抑止力を得られない場合、**同盟を結び集団で抑止力を発動させる「集団的自衛権」という考え方もあります**。自衛権は独立国・主権国家が保有する国際法上の権利です。

「あの国にはかなわないな…」抑止力こそ最大の防御

日本にとって、自衛権を行使するための必要最小限の防衛力＝自衛隊という話をしました。しかし、攻撃されてはじめて反撃に出るという受け身の体制では、初手の被害は防げませんし、後手に回った側が戦況を逆転させることも容易ではありません。そのため、**そもそも相手に攻撃の意志を抱かせないこと——「もしかしたらあの国を侵略できるかも？」**

中国などが仕掛ける強制的な“現状変更”の例

第1段階

経済的に攻める

B国の貿易依存度を高めたり、巨額の投資を行ったりと、「あなたなしでは生きていけない」状態に。経済を掌握したところで、言うことを聞けと脅しをかけます。

第2段階

政治的に攻める

経済をきっかけにB国の世論を押さえます。自国に有利な世論を醸成し、選挙でA国の言いなりとなる傀儡政権の誕生を狙います。こうしてB国を操る土台が作られるのです。

阻止するためには、十分な抑止力が必要!

Defense of each country

Column 02

ニュースでよく聞く ミサイルの種類②

ミサイルは飛び方によっても分類されます。「弾道ミサイル」とは、エンジンの推進力によって大気圏外へ高く打ち上がり、エンジン停止後は慣性の法則による弾道飛行で放物線を描きながら目標へ到達するもの。「巡航ミサイル」とは、レーダー探知を避けて低空飛行を保ちながら目標へ向かうものです。そこに近年は超極音速滑空兵器（HGV）が登場。これは弾道ミサイル技術を応用したものですが、打ち上げ後、弾道飛行には入らず音速を超えるスピードで低空飛行するミサイルです。

[打ち上がる高さ別ミサイルの区別]

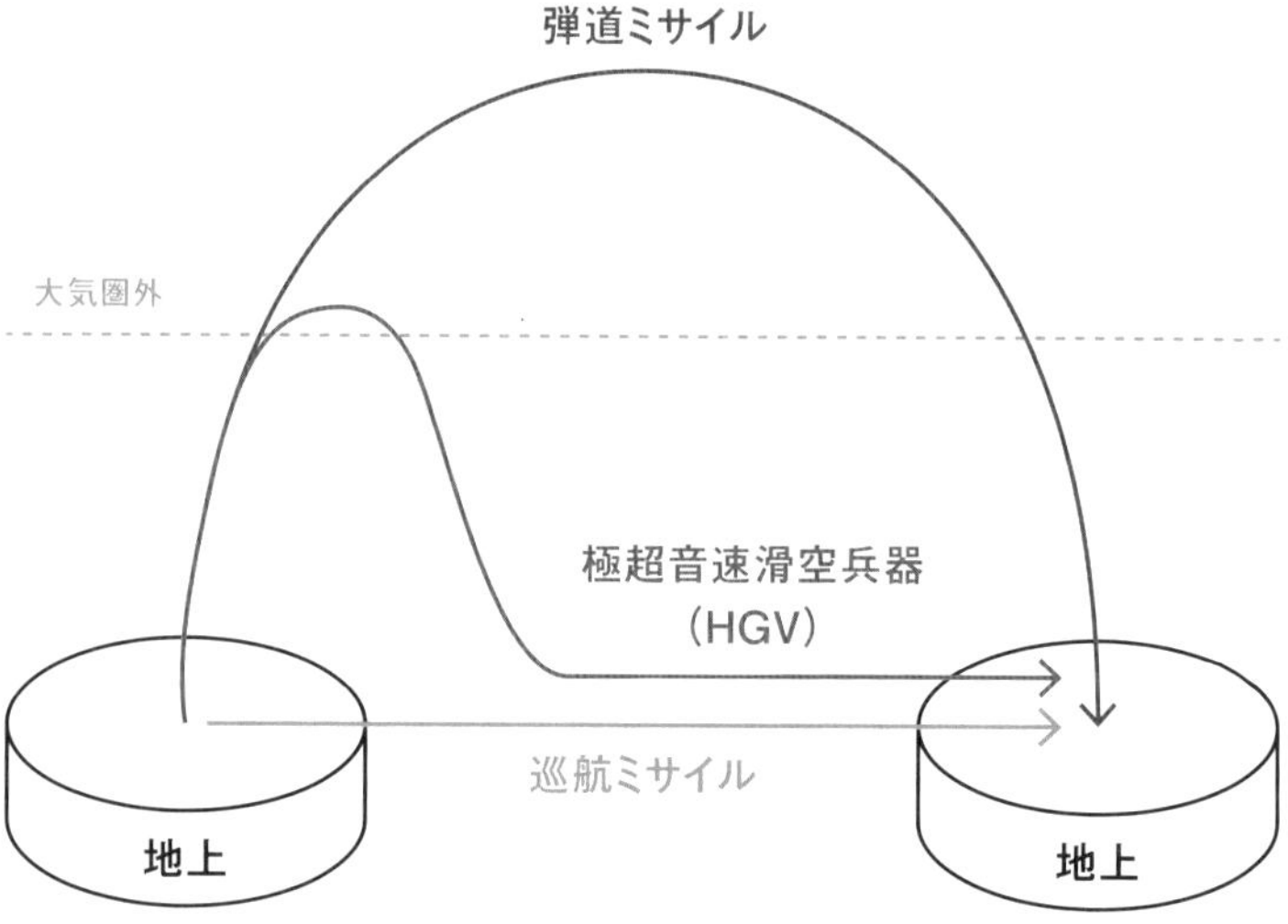

Chapter 2

国によって大きく異なる日本と大国の防衛戦略

ここからは日本と、日本とつながりの深い国々の防衛について見ていきます。国によって大きく異なる防衛組織体制、現在の動向などを知っておけば、世界情勢を理解する上で大きな助けとなるはずです。

現在、世界は欧米のNATO勢力 VS

インド太平洋地域の
覇権を握っておきたい

米国 P56

第二次世界大戦後から世界の警察として諸国の問題に手を出し続けた米国。現在のライバルは中国と明言。

同盟・同志国と
連携強化し、
中ロに備えたい

日本 P30

海を挟んで中国・ロシアと向き合う日本。さらに不穏な動きをする北朝鮮もいる。

独自外交で利益の
最大化を狙う **インド**

米国ともロシアとも手を組む全方位外交で、いいとこどりを狙う。ただし中国とは対立も。

インド太平洋でプレゼンスを
発揮したい **NATO**

太平洋からは遠い西欧諸国の軍事同盟だが、インド太平洋の安定に興味津々。

Defense of each country

各国の思惑と関係をざっくり押さえよう

世界の防衛戦略図

中国・ロシア勢力の2軸に

侵略に怯えるあまり旧ソ連に回帰する

ロシア P80

強大な領土ゆえ、常に不安なロシア。NATOの脅威に対抗するため先手を打ちに出るが…!?

とにかく自国の経済を発展させたい

中国 P68

一党独裁ゆえの強引な政策でインド太平洋もモノにしようとしているが…!?

中国マネーに左右される

アフリカ **東南アジア** **中東**

中国からの巨額の投資により、経済的な依存度を高める途上国。

各国の防衛 1

日本

周辺国は猛者だらけの日本！実は太平洋安定の要所だった

日本の同盟・同志国

POINT 1

米国とともにインド太平洋安定を目指す

圧倒的な軍事力を持つ米国と日米同盟を結び、抑止力を強化。一方、米国から見ると日本は地理的に日本海を挟んで大陸勢力と向き合う位置にあり、太平洋安定の要となっています。

POINT 2

強硬的な対外姿勢の中国・ロシア

ウクライナ侵攻中のロシア、周辺国と深刻な領土問題を抱える中国と、強引な現状変更を試みることで知られる2大軍事大国が揃い踏みします。民主主義の日本とは、価値観を違えている点もコミュニケーションが難しい理由のひとつです。

FOCUS

1

安全保障の柱！　日米同盟は実は日本が結ぶ唯一の同盟

世界一の軍事力を持つ米国が味方に!

日米安全保障条約により各地に駐留する在日米軍が、日本の強力な抑止力となっています。

日本が米国と同盟を結ぶ理由

- 第二次世界大戦後、長きにわたり民主主義、基本的人権など同じような価値観を共有していること。
- 経済面において関係が深いこと。

日本の防衛には米軍の軍事力が不可欠

実は**現在、日本が交わす同盟国は米国のみ**です。第二次世界大戦後、日本と米国は「日米安全保障条約」を取り交わしました。それにより、日本が攻撃された場合に、日本と米国が共同で相手に立ち向かうということが約束されています。そのため**日本に武力攻撃を仕掛けようとした場合、自衛隊だけでなく強大な軍事力を持つ米軍とも直接対決することを覚悟しなければならず、これが日本の大きな抑止力となっています。**

その協力関係は、海洋・宇宙・サイバー空間の安定、海賊問題、大量破壊兵器や弾道ミサイルの拡散防止、国際テロ対策、気候変動対応など多岐にわたります。

日米同盟は世界の安定にも超重要!

米国の強力な軍事力がアジア地域にも配備されていることが、インド太平洋地域および世界全体の安定に貢献しています。

核の傘も日本の抑止力に

日米同盟により米国は「核戦力を含むあらゆる種類の能力」を使い、日本を防衛することが約束されています。

FOCUS

2

自由で開かれたインド太平洋へ！多くの同志国と手を結びたい日本

シーレーンの途絶は日本の死活問題！

発展目覚ましい新興国が多く、重要なシーレーンが集中するインド洋と太平洋。しかし中国の強引な太平洋進出により、日本の物資輸送のシーレーンに混乱がもたらされる恐れがあります。

↓

日本発！「自由で開かれたインド太平洋（FOIP）」構想

太平洋とインド洋をルールに基づく国際秩序のもと安定させ、地域の繁栄を目指します。

目的

- 法の支配、航行の自由、自由貿易などの普及・定着
- 経済的繁栄の追求
- 関係各国と協力し、地域の平和と安定に貢献

シーレーンを安定させ、地域の安定を目指す

日本にとって米国の存在は大きなものです。しかし経済活動がグローバル化してきているように、安全保障も地球規模で考える時代となっています。

そのため、日本の安全保障を強固にするためには、**一国でも多くの国とパートナー関係を結ぶことも重要です。その取り組みのひとつが「自由で開かれたインド太平洋（FOIP）」構想**の推進です。

これは2016年、当時の安倍晋三首相がアフリカ開発会議で提唱した**日本発の構想で、ざっくりいうと「賛同国と協力しながらインド太平洋地域の自由と繁栄、安定を目指す」というもの**。中国の動きを警戒する米国、インドなど多くの賛同国を得て、課題を解決するための取り組みを進めています。

国際社会安定の
2大キーポイント

FOCUS

3

日本と蜜月の関係に!?
現在、豪・英と関係強化中

オーストラリアとの関係

米国を交えつつ緊密に連携するオーストラリア

互いに米国の同盟国である日本とオーストラリア。日米豪印による枠組み「QUAD」参加もあり、価値観の共有を強めています。

2プラス2

2国間の外務担当閣僚と防衛担当閣僚の4者で安全保障問題について話し合う会議。重要事項が議題のため行う国は限られる。

関係強化の証!

米国以外で初!
自衛隊と豪軍の共同演習

2021年には海自護衛艦が豪軍艦艇に対して警護を実施。2022年には豪空軍演習に空自が初参加。ここまで緊密な軍事協力を行うのは米国以外で初となります。

中国をにらみ協力
同志国との関係も重要

同盟国までの強固な結びつきには至らないものの、基本的な価値観を共有し、安全保障上においてさまざまな協力関係を結ぶ国を「同志国」と表現することがあります。現在の日本の同志国としてはオーストラリア、インド、イギリス・フランス・ドイツ・イタリアなどの欧州諸国、カナダ、ニュージーランドなどが挙げられるでしょう。

なかでも近年特に密接な関係となっているのが、オース

イギリスとの関係

歴史的に日本との つながりも深いイギリス

明治時代には日英同盟も結んでいたイギリスと近年再び結びつきを強めています。なかでも戦闘機を共同開発するというのは防衛の面では大きなトピックスです。

同盟国？　同志国？

同盟国とは安全保障面の条約で手を結んだ国。同志国とは条約の締結は行わないが、基本的価値観を共有し、安全保障で緊密に連携をとる国のこと。

関係強化の証！

超重要機密が集まった 戦闘機を共同開発中

日本、イギリス、イタリアの3ヵ国で2035年の配備へ向けて次世代戦闘機の開発を進めています。最高レベルの機密となる技術を共有することは、特別な関係にある国同士でしかできません。

トラリアとイギリスです。ＦＯＩＰ（Ｐ34）への参加、「２プラス２」などハイレベルな交流の頻回実施、そして武器や物資、役務を相互に融通する協定「ＡＣＳＡ」（Ｐ38）を米国以外で早期に締結するなど結びつきを強めています。**背景には、やはり中国への対抗があります。**太平洋に身を置くオーストラリアはもちろん、遠く離れたイギリスも経済規模が大きいアジア地域の情勢が大きく影響するため、価値観を近しくする日本との結びつきを強めたいという思惑があるのです。

FOCUS

4

同盟未満の緊密な関係 安全保障で連携するACSA《アクサ》がある！

ACSAは食糧、燃料、弾薬などが融通可能になる協定

事前に協定を結んでおくことで、いざというときに必要な物品提供を受ける際に手間と時間を省くことが目的です。

ACSAで主にできること

1. 食糧、燃料、整備、輸送、医療などの相互提供
2. 国連平和維持活動（PKO）で協力
3. 共同訓練
4. 大規模災害の支援

ACSAでスムーズに防衛協力

「物品役務相互提供協定（ACSA）」とは、国同士が相互に物品や役務（サービス）を提供できる枠組みを定める協定。この**協定を結んだ国とは、食糧、燃料、整備、輸送、医療などのスムーズな融通が可能です**。実は日本の場合、同盟を結ぶ米国ともそれらの融通は条約に含まれておらず、有事に日本から提供すると米国は対価を払うことになります。ACSAによりその対価払いが免除され、**2国間の防

物品調達がスムーズになり
同志国の活動が安定

例えば同志国が日本周辺で活動中に燃料切れになってしまった場合、協定が結ばれていれば日本からの調達ルートをすみやかに確保することができます。周辺で同志国が安定的に活動することは、日本にとってメリットに。

日本は現在7ヵ国とACSAを締結

現在、日本は米国をはじめ、イギリス、オーストラリアなど特に関係の深い同志国と積極的に協定を結んでいます。2024年には新たにドイツが加わりました。

日本とACSAを締結する国

発行年	国
2017年	米国 イギリス オーストラリア
2019年	フランス カナダ
2021年	インド
2024年	ドイツ NEW!

衛協力が円滑になることで、安全保障をより強固にかためることができるのです。

ＡＣＳＡの内容は協定を結ぶ国ごとに異なります。例えば日米ＡＣＳＡなどでは弾薬を提供することも可能とする一方、日印ＡＣＳＡでは互いに弾薬の提供は実施しないとされます。現在、日本と同盟関係にあるのは米国のみとなりますが、共同訓練やＰＫＯ、大規模災害などへの対応のためにも、日本は同志関係にある国と積極的にＡＣＳＡを結んでいきたいと考えているのです。

基本戦略❶

日本は専守防衛が至上命題！在日米軍とセットで抑止力へ

日本が盾！　米国が攻撃力を補完！セットで抑止力を発動

専守防衛の自衛隊を、米軍が強力な打撃力で補完することで、抑止力が発動します。どちらが欠けても抑止力というシールドには大きな穴が開くことになります。

専守防衛

憲法の精神にのっとる防衛戦略。攻撃を受けてはじめて、必要最小限の防衛力を行使する。

米国と協力し相乗効果を狙う

日本の防衛力を担うのは自衛隊です。日本は憲法第九条により戦争放棄、戦力不保持、交戦権の否認が規定されています。そのため**自衛隊の行動や活動は「専守防衛」を原則とし、他国に脅威を与えるような軍事大国にならないとい**う基本理念に従います。その上で、**日本自身の防衛力に加え、日米同盟のもと両国の安全保障・防衛協力を推進する**というのが、日本の防衛戦略の根幹です。

シビリアン・コントロールで自衛隊を監視・指揮

自衛隊を動かす権限を持つのは、国民が選挙で選んだ内閣です。自衛隊員はその命令に従って動きます。

自衛隊の体制

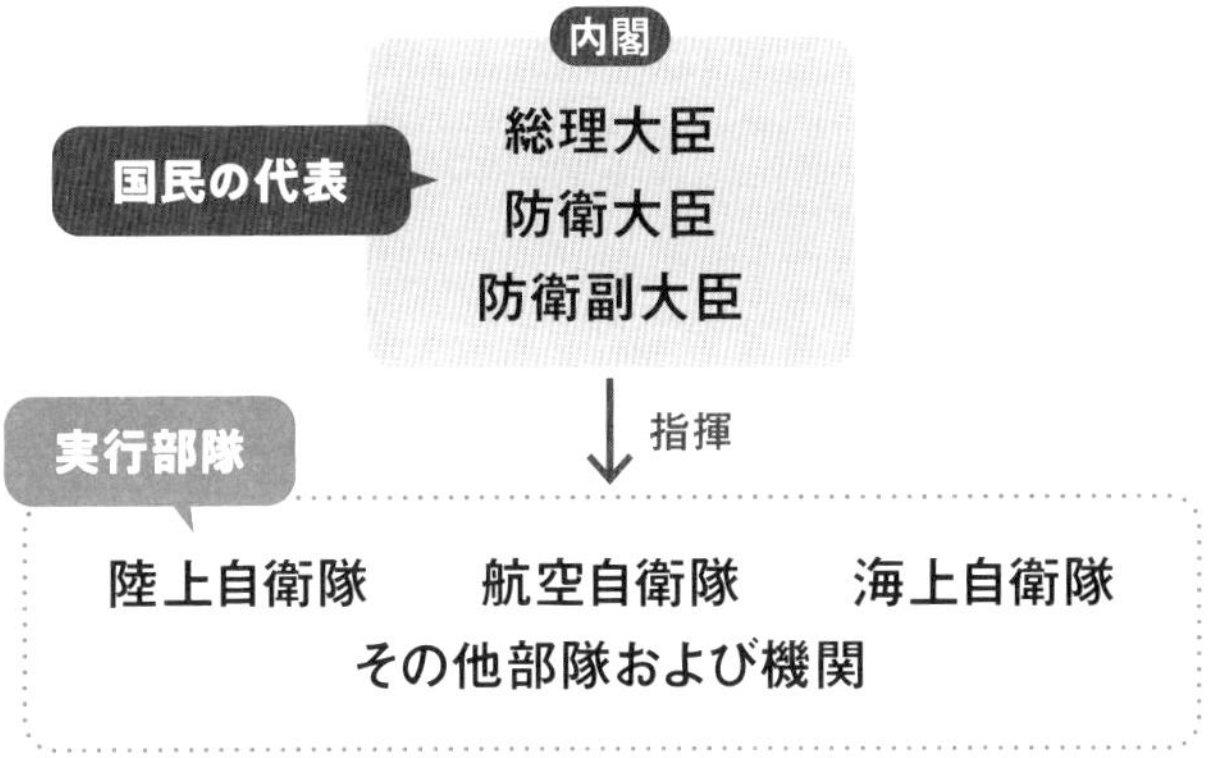

核兵器を徹底排除！　非核三原則

日本は唯一の被爆国として、「核兵器を持たず、作らず、持ち込ませず」という非核三原則を採用しています。そのため防衛のために自国で核兵器を持つことはありません。

日本がこうした戦略に至ったのには、第二次世界大戦終戦までの経緯に対する反省があります。旧憲法下の体制では、軍に関する法令などさまざまな事項について、内閣の統制が及ばない部分が大きかったことも、甚大な損害を出すに至った要因となりました。そのため戦後、日本では自衛隊が国民の意志によって整備・運用される**シビリアン・コントロール（文民統制）を徹底。非核三原則などのルールにのっとりつつ、実効性の高い防衛力の構築**を目指す、としています。

基本戦略❷

日本の防衛目標

〝当たり前〟に見えるけど実は超重要！3つの防衛目標

目標→アプローチ→施策 ビジネス同様の目標設定

令和5年版「防衛白書」では日本の防衛の指針について、大きく3つの目標が設定されています。

ひとつめは、「①日本にとって望ましい防衛環境をつくる」こと。**安全を守るためには、そもそも争いの状態に持ち込ませないことが大切**です。積極的な外交を展開しコミュニケーションを重ね、互いの利益を尊重する必要があります。ふたつめは「②同盟・同志国と協力して『日本とは戦

争したくない』と思わせる」こと。他の国と連帯し、**協力関係を結ぶことがそのまま抑止力につながる**のです。**①、②の努力を続けた上で、「③万が一攻め込まれても確実に守りきる」ための防衛体制を整えることが必要**です。

3つの防衛目標を達成するためのアプローチとして、日本自身の防衛体制の強化、日米同盟の強化、同志国との連携強化が設定されています。さらに具体的な施策として、P46で解説する7つの重視分野へとつなげます。

日本の防衛方針は「安全保障三文書」によって決定されている

反撃能力を保有 防衛力拡大の方針へ

日本の防衛政策は、「安全保障三文書」にもとづいて決定されます。**安全保障三文書とは、2022年に閣議決定された「国家安全保障戦略」、「国家防衛戦略」、「防衛力整備計画」の3つを指します。**

ポイントのひとつは、**周辺国の軍事的な脅威にさらされる現状を「戦後もっとも厳しい」状況と指摘し、「反撃能力」の保有を打ち出した点。**そのほかに防衛費の対GDP比を2%に設定しています。

安全保障三文書

ビジョン! 外交、防衛の基本方針!

国家安全保障戦略

三文書の中でも最上位となる基本方針。外交、防衛だけでなく経済、技術、サイバー、情報など広く国家安全保障戦略にかかわる分野の指針を示します。

ガイドライン!

防衛力整備の指針!

国家防衛戦略

P42で紹介した防衛目標を達成するための方策と手段を示します。一方的な現状変更危機が起こり得ることを前提に、日本独自の防衛力に加え、日米同盟+同志国との連携での対処を目指すことを記しています。

各論!

具体的な方法!

防衛力整備計画

以後5年間の主要装備や防衛費を定めます。7つの重視分野についての具体的な取り組みも記されています。

↓

年度予算策定へ

ここをCHECK!

大きな変更点

ポイント	これまで	NEW!
① 反撃能力	敵基地への攻撃手段は持たない	反撃能力を保持へ
②防衛費GDP比	対GDP比1%上限	対GDP比2%へ
③中国への警戒感	2013年版では「国際社会の懸念」	「国際秩序への最大の挑戦」と踏み込む

目標達成のためにただ今強化中！
7つの重視分野で反撃能力をアップ

安全保障三文書が示す
7つの重視分野

防衛目標を達成するため、今後具体的に取り組んでいく項目として設定されているのが、「7つの重視分野」です。それぞれのポイントを見ていきましょう。

1

敵を攻撃範囲外から無効化！

スタンド・オフ防衛能力

敵の射程圏外から攻撃できる能力「スタンド・オフ」防衛能力の強化を目指します。

2

高性能化する空からの脅威に対応！

統合防空ミサイル防衛能力

弾道ミサイル、巡航ミサイル、小型無人機など多様化する空からの脅威に対処します。

3

ドローンなどを徹底活用！

無人アセット防衛能力

無人機やAIなどの活用の推進です。情報収集・警戒監視・偵察用ドローン、輸送用や攻撃用ドローンなどの整備が進められています。

7つの重視分野

4

注目のウサデンを強化！
領域横断作戦能力

宇宙・サイバー、電磁波（ウサデン）の領域をさらに開拓し、従来の陸海空の領域と合わせて、より効果的な防衛を目指します。

5

AIも投入し、情報分析！
指揮統制・情報関連機能

ハイブリッド戦、認知戦を含む情報戦に対応できるよう、情報収集、分析する体制を強化。AIが意思決定を支援する研究も。

6

輸送力も保護も大事！
機動展開能力・国民保護

有事には全国に自衛隊がすみやかに駆けつけるための輸送網の整備や、国民保護の体制も強化します。

7

在庫、大丈夫？
持続性・強靭性

不足が懸念される装備品、弾薬の在庫確保を進めます。防衛施設の強靭化も図ります。

シビリアン・コントロールのもと3自衛隊が活動

統合幕僚長は助言役!
最高指揮権は、あくまで国民代表に

内閣総理大臣が自衛隊の最高の指揮監督権を持ち、防衛大臣が3自衛隊の隊務を統括します。統合幕僚長は内閣に助言し、その命令をすみやかに3自衛隊に伝えます。

「統合運用体制」で自衛隊を一元的に指揮

自衛隊の組織について見ていきましょう。自衛隊は、陸上、海上、航空自衛隊の3つに分かれていますが、**有事にはそれぞれが連携して戦う「統合運用」が行われます。**そのため、各隊を一元的に運用するための自衛隊組織のトップとして、2006年に統合幕僚長という役職が設けられました。しかし、統合幕僚長は、あくまで国民の代表である防衛大臣の指揮監督を受ける立場にあります。

陸・海・空自衛隊組織を
束ねるのは防衛大臣（=国民代表）

統合・陸・海・空幕僚長は、平時には組織の人員に対して人事、教育、訓練を施す責任者です。また統合幕僚長は各幕僚長と連携し、最高の専門的助言者として防衛大臣を補佐し、その命令を執行します。

自衛隊の指揮系統

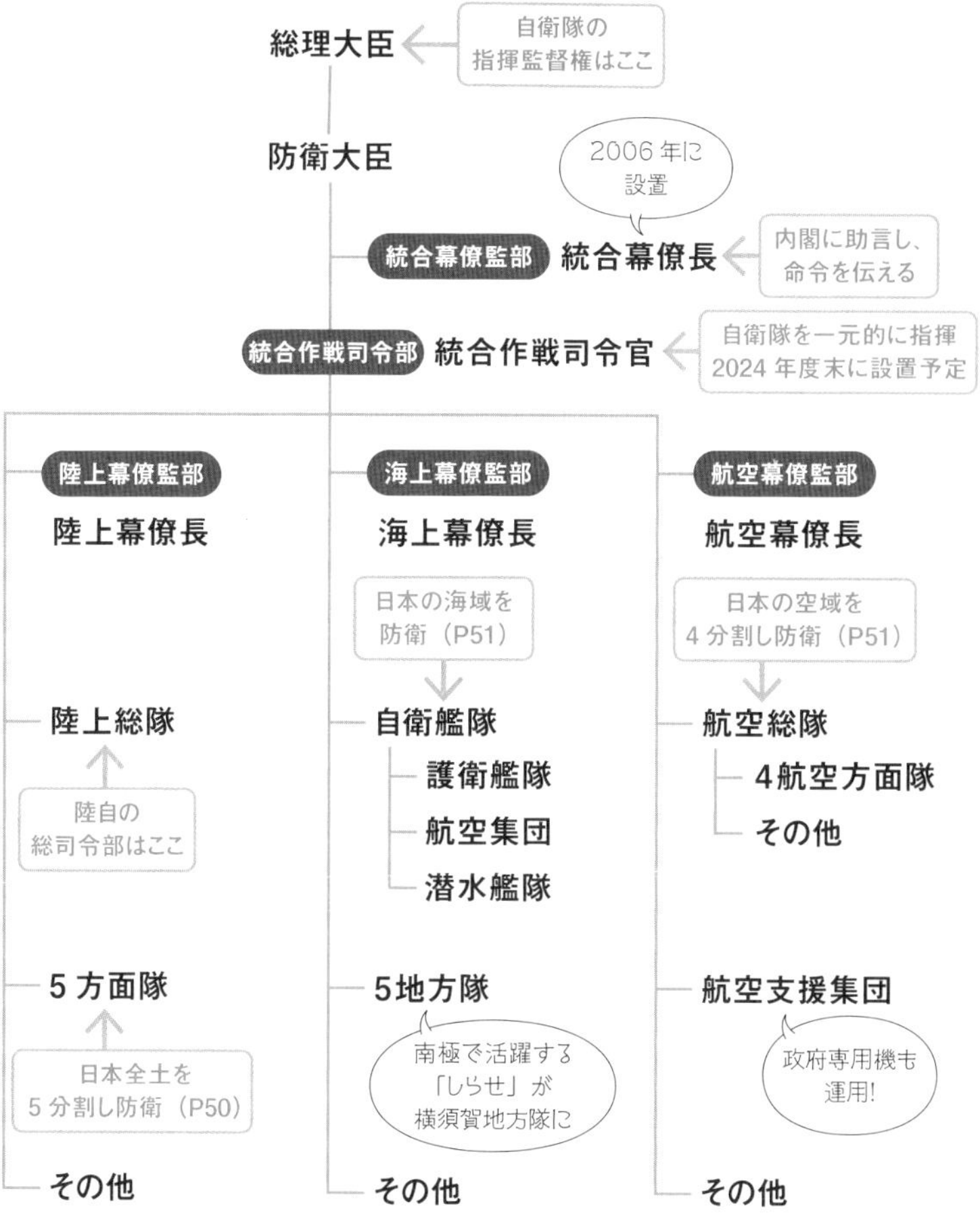

日本全土をくまなく守る陸・海・空自衛隊

全国を5ブロックにわけて防衛

陸上自衛隊

約14万人ともっとも多くの隊員を抱える陸上自衛隊。全国に5つの方面隊を展開し、東京の練馬駐屯地にある陸上総隊がそれらの運用を指揮します。

隊員数 約14万人

主要装備 戦車…約450両、野戦砲…約370門／両

(2023年3月末)

方面隊 陸上自衛隊特有の部隊単位。方面総監部の指揮のもと、いくつかの師団、旅団その他部隊で編制。

師団 陸上自衛隊や各国の陸軍で用いられる作戦部隊。自衛隊では普通科、特科、機甲科などの戦闘部隊や後方支援部隊からなる職種が連合。定員は約6,000 ～ 9,000名。

旅団 師団より規模が小さい作戦部隊。定員は約3,000 ～ 4,000名。

東アジアでも有数の実力を誇る

海上自衛隊

弾道ミサイル防衛の要であるイージス・システムを搭載したイージス艦は現在８隻。その増強に加え、戦闘機運用を目指し改修がすすむ護衛艦「いずも」など、海上戦力の補強が進んでいます。

隊員数 約4.3万人

主要装備（将来体制）
護衛艦など…56隻
哨戒艦…12隻
潜水艦…22隻
作戦用航空機…約170機

防衛省、自衛隊で働く自衛官、事務官の数

約27万人

文官じゃない → 自衛官 約25万人

事務官 約2万人 ← 文官

両方あわせて「自衛隊員」

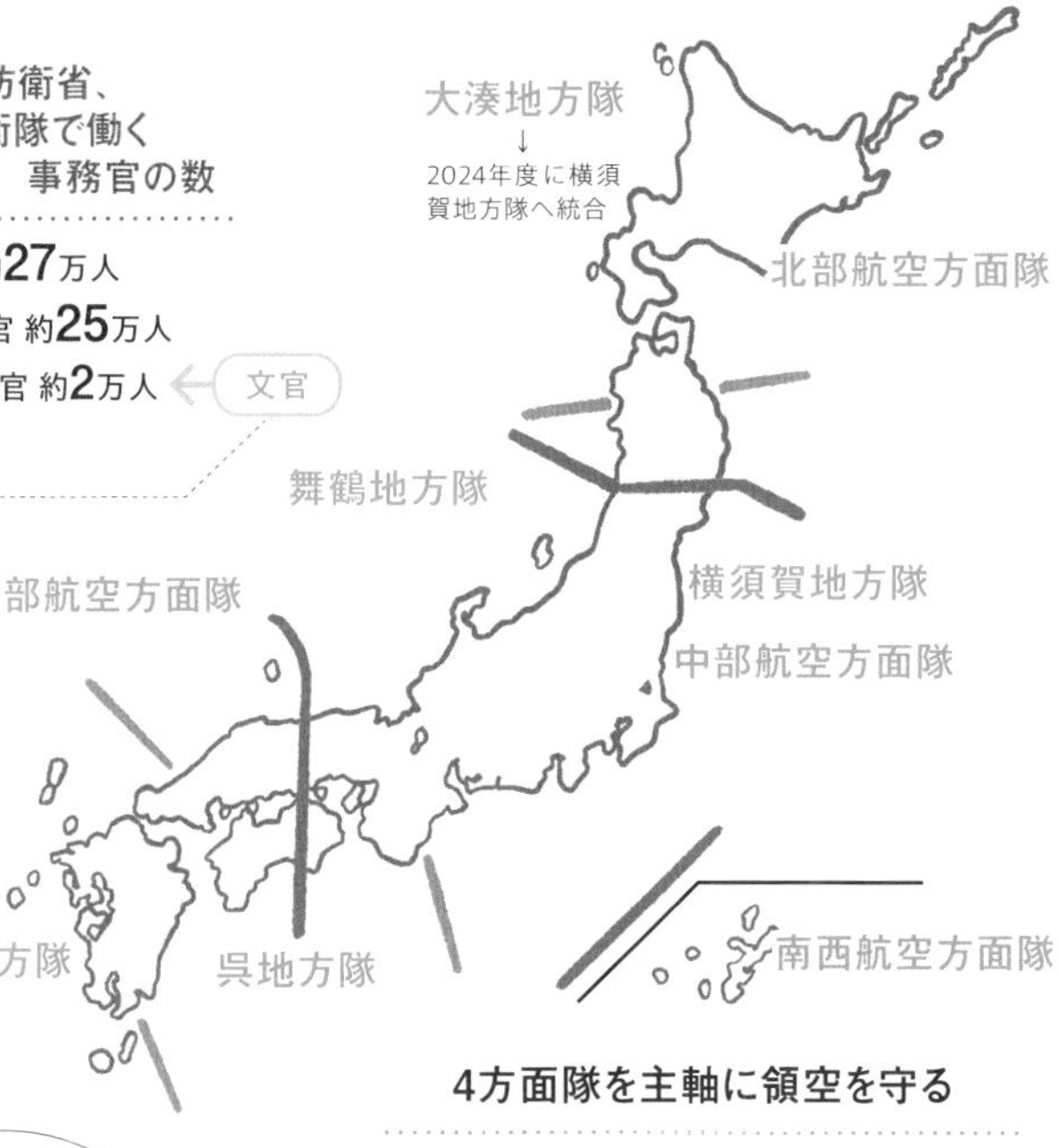

4方面隊を主軸に領空を守る

航空自衛隊

2020年に宇宙領域の専門部隊宇宙作戦隊が発足（のち宇宙作戦群へ新編）。2027年には航空宇宙自衛隊への改編も予定されています。装備品での注目は、日英伊で行われている、新型戦闘機の開発です（P37）。

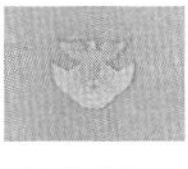

隊員数 約4.4万人

主要装備（将来体制）
作戦用航空機…約430機

ミサイル防衛強化が急務 多層の構えで国民を守り抜く

弾道ミサイルには2弾構えで! しかしHGVへの対応には困難も

現在のBMDでは、②でイージス艦が海上から、③でPAC-3が地上から迎撃する2段階の構え。HGVには②、③がないため、それだけ対応は困難となります。

BMDでは対処困難な事態も?

日本の安全保障が脅かされる危機感は高まりつつあります。特に弾道ミサイルの発射実験を加速させる北朝鮮が不穏です。それに対し、**日本はこれまで米軍とも連携した弾道ミサイル防衛（BMD）による迎撃を基本**としてきました。しかし、**近年はBMDでは迎撃が難しい極超音速滑空兵器（HGV）が登場**。さらに北朝鮮が「数で勝負」に出る飽和攻撃の可能性もありミサイル防衛の強化が急がれます。

弾道ミサイル防衛（BMD）のイメージ

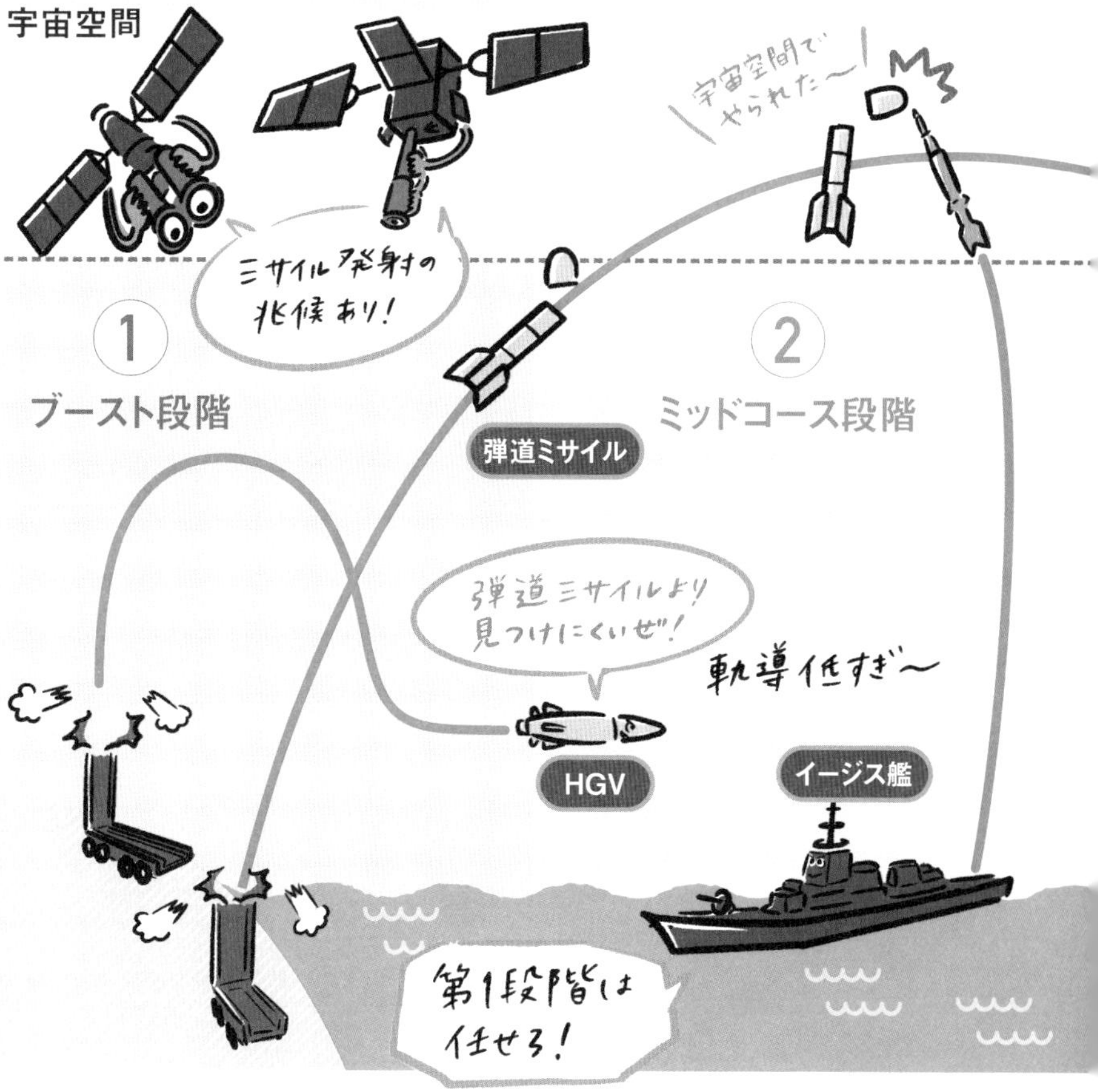

防衛力強化のため防衛予算GDP比2%へ

主要国では防衛予算アップがトレンドとなっているなか、日本も防衛力強化のため戦後初めて「防衛予算対GDP比2%」が掲げられました。そのための財源確保も議論されています。

主要国の国防費比較（2022年度）

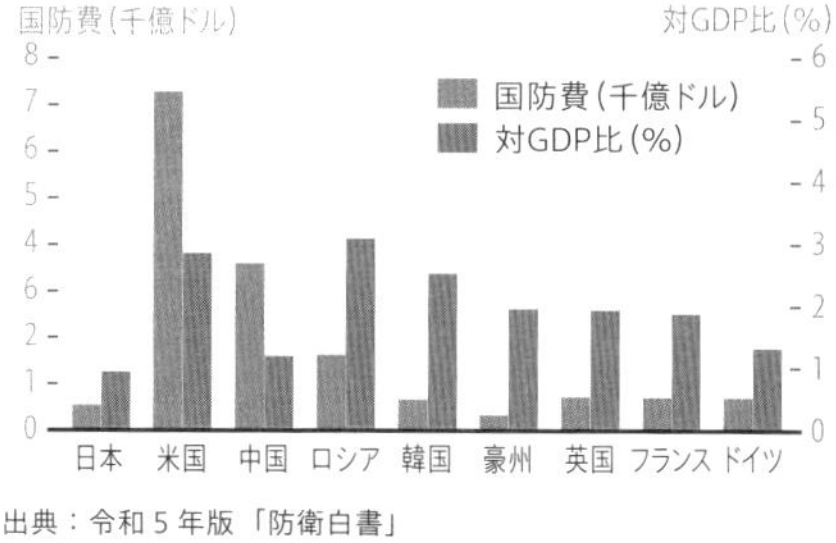

出典：令和５年版「防衛白書」

中国・ロシア・北朝鮮と周辺は手ごわい国に囲まれている

動向1 VS ロシア

終戦のどさくさに紛れて占領された北方領土問題

第二次世界大戦後、日ソ中立条約を無視して攻め入り、一方的に支配。ロシアがこの地にこだわる理由は、米国との緩衝地帯、北極海ルートの確保（P83）とメリットだらけだからです。

動向2 VS 中国

尖閣諸島で中国艦隊が恒常的に活動

台湾から約170kmとほど近い魚釣島を中心とする島々。日本の領土であるにもかかわらず、中国艦艇や武装した中国海警船・漁船が活動。

緊張感を増す周辺国への対応

太平洋への進出を図る中国、ウクライナ侵攻という強硬な現状変更に踏み切ったロシア、そしてミサイル、核兵器の開発を進める北朝鮮と、手ごわい国々を周辺に置く日本。いずれも日本とは民主主義という価値観を違えた国であることも、外交的なコミュニケーションを取りにくくしている理由のひとつです。

　一党独裁のもと、軍事力を急速に拡大させつつある中国は、尖閣諸島での活動を執拗

動向3 VS 北朝鮮

何が目的…?
核実験とミサイル発射問題

金正恩体制下、弾道ミサイルの発射実験回数を大幅アップ。米国との合意を違え、これまでに6度の核実験を決行。

動向4 VS 中国

中国が圧を強めつつある
台湾をめぐる問題

台湾は中国の一部であるという姿勢を崩さず、「いずれ統一する」という強い言葉も散見されるように。台湾で有事が起これば、日本は当事者の1国になります。

に継続しています。ロシアは、現在はウクライナ侵攻に注力しているものの、**北方領土や千島列島に新型装備を配備するなど、同国にとって重要な東方への警戒は怠っていません。**さらに中国との連携を深めている点も見逃せません。

また、**北朝鮮は、約20発の核弾頭を保有しているとも指摘されており、**すでに弾道ミサイルに核兵器を搭載し、日本を攻撃する能力も保有していると見られています。そのため、日本はP46で紹介した7つの分野を中心に防衛力強化を図っているのです。

各国の防衛

2

アメリカ

国力低下で〝世界の警察〟が戦略転換!?
軍事力1位のアメリカの今

POINT 1

数多くの国と手を結び 中国の太平洋進出に対抗

日本にとっては米国が唯一の同盟国ですが、米国は日本をはじめ NATO の欧州諸国、カナダ、韓国、オーストラリアなど 30ヵ国以上と同盟を締結。各国に基地を設置し、協力することで勢力を拡大する中国と対峙しています。

POINT 2

圧倒的軍事力！世界展開を前提にプレゼンス発揮

国防支出は不動の世界1位を誇ります。国防支出は対GDP比で見ても3.45%と、防衛を重視することで世界への影響力を維持するという国の方針がうかがえます。

2022年国防支出ランキング

順位	国	国防支出	対GDP比
1位	米国	8769億米ドル	3.45%
2位	中国	2920億米ドル	1.60%
3位	ロシア	864億米ドル	4.06%
8位	日本	460億米ドル	1.08%

出典：SIPRI Military Expenditure Database 2023

POINT 3

しかし世界の問題に手を出しすぎたあまり…

国力が低下するなか、リソースの振り分けが課題に。米国はイラク、アフガニスタンなど中東への介入を続けましたが、2010年代以降、同時から次々に撤退。現在はウクライナへの支援を続けますが、それに対しても国内世論の反発が噴出しています（P127）。

中東から撤退した理由はシェール革命

中東地域から手を引いた理由のひとつがシェールガスによる燃料産出に成功したこと。中東に頼らずエネルギーを賄うことが可能になり、介入の必要がなくなったのです。

世界展開が前提の米軍だが〝世界の警察〟も今は昔!?

統合抑止

米国の軍事力に加え、外交や経済力も含めて同盟国や同志国と連携して抑止力を拡大していこうとする考え方。

世界を分割管轄する米軍はかなり特殊！

日本はもちろん、中国やロシアも部隊管轄はあくまで自国領内で完結させています。それを世界展開させているのは、米国ならではといえます。

影響力は強大ながら「統合抑止」で負担減

米国の防衛の他の国にはない大きな特徴は、何といっても世界展開を前提としている点です。**全世界を6分割（＋宇宙コマンド）し、それぞれに拠点を設置**。170ヵ国以上に基地・拠点などを置き、文官も含めた約200万人の軍関係者のうち29万人近くを国外に駐留させていると見られます。ユニークなのが、各地域軍の部隊は所属で動くのではなく、地域で動くということ。これは対象管轄が広域

となるための便宜的な措置で、例えば北方軍に所属する部隊であっても欧州軍管轄の境界を超えた瞬間、欧州軍指揮下に編入されます。

また近年の米国の防衛方針の特徴として、**注目したいキーワードがバイデン政権が打ち出した「統合抑止」**です（P64）。これは軍事力に加えて外交、政治力、経済力なども用いて同盟国と一丸となって抑止力を発揮させるという考え方です。その裏には中国の軍事力、経済力が増大し、米国だけでは対応が難しくなっている実情が関係しています。

基本戦略②

現在は対中国のためにインド太平洋地域が最優先

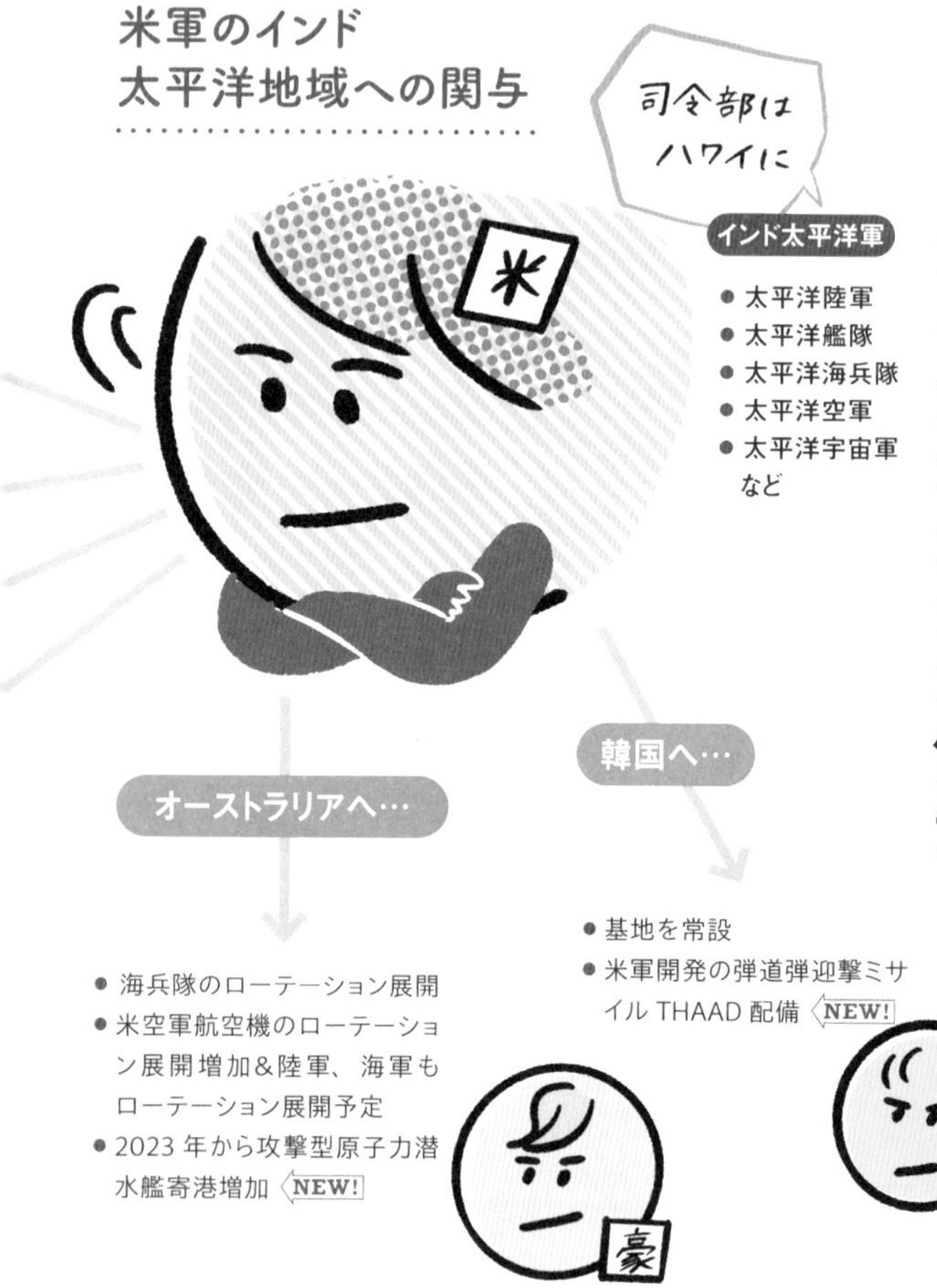

日本のシーレーン安定にも米軍が貢献

対象エリアに中国、ロシアが含まれる**地域別統合軍「インド太平洋軍」は、現在、米軍が本土以外でもっとも多くの軍事力を集中させる重点地域**です。在日米軍、在韓米軍も所属し、それらの司令部は主にハワイに置かれています。かつてインド太平洋軍は「太平洋軍」という名称でしたが、日本発の「自由で開かれたインド太平洋」構想（P34）へ米国が参加したことをきっかけに、2018年に現在の名

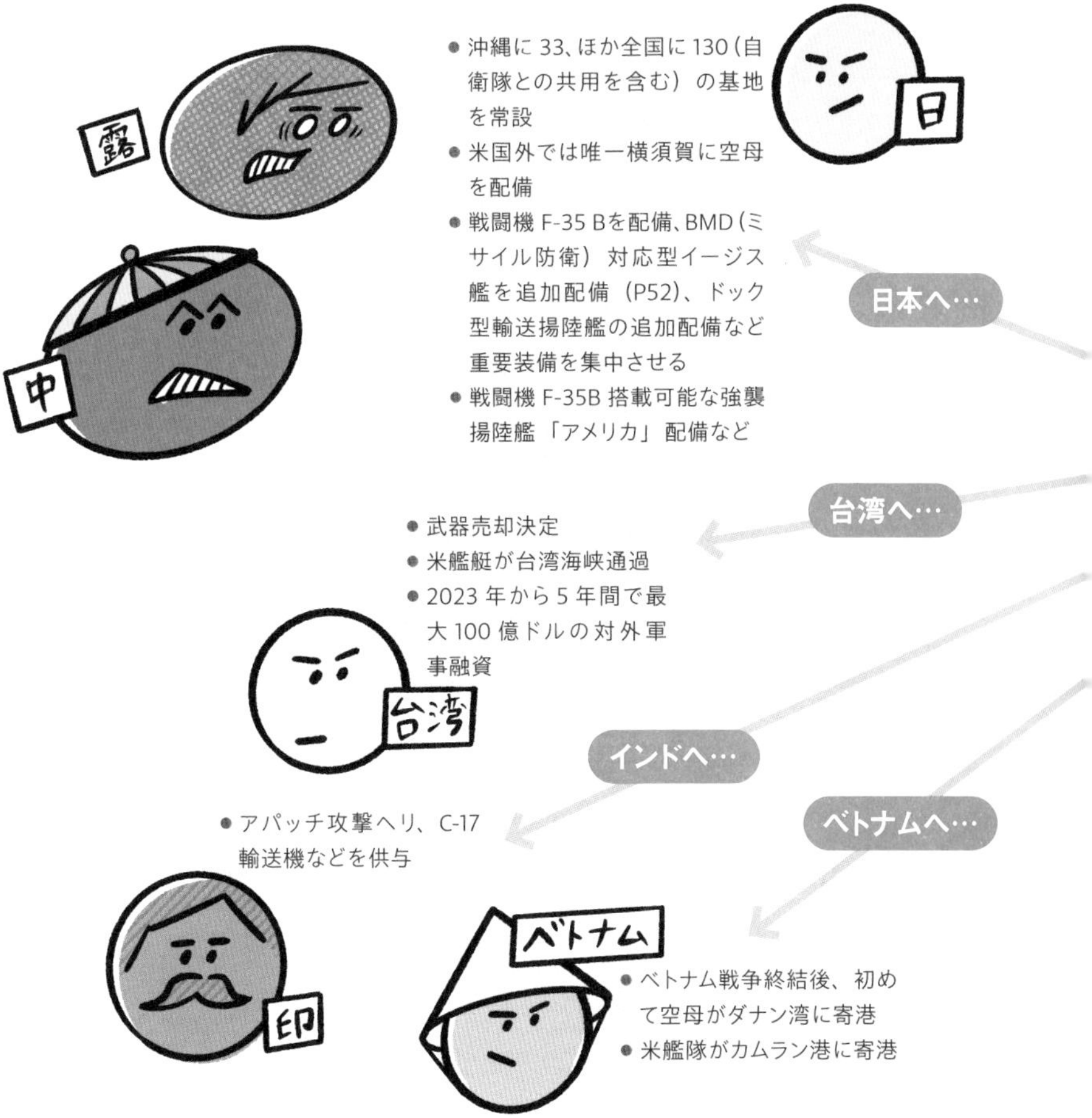

称へと変更になりました。

特にインド太平洋地域のシーレーン安定のために重要な役割を担うのが太平洋艦隊です。そのうち西太平洋〜インド洋を担当する第7艦隊は日本とグアムを拠点として活動。なかでも第7艦隊空母打撃群は母港を横須賀とし、空母、イージス艦などを配備する主力部隊です。同艦隊は台湾海峡、南シナ海で活動を活発化させる中国に対し、対象海域で駆逐艦を航行させて牽制する「航行の自由」作戦を行うなど、**日本のシーレーン確保にも貢献**しています。

軍種を横断する〝統合軍編成〟で世界のどこでも即時対応!

大統領をトップにした「統合軍編成」とは

5軍種それぞれに指揮系統があるのではなく、すべての軍種が地域統合軍、機能別統合軍の指揮下に入って動きます。これを「統合軍編成」と言います。

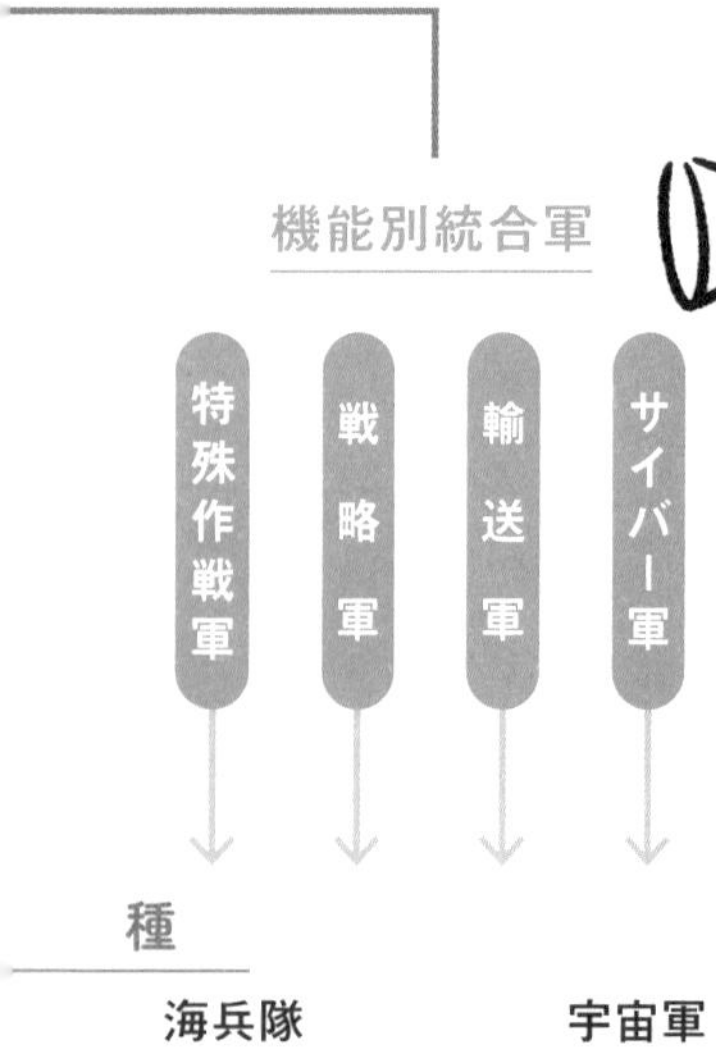

宇宙にも展開! 統合軍編成の米軍

米軍組織の特徴は、軍種を横断した統合軍編成である点です。5つの軍種を地域別統合軍と機能別統合軍が運用する体制がとられています。総兵力は約136万人。軍の管理はペンタゴンとして知られる国防省が担います。その責任者が大統領が任命する国防長官で、国防に関するあらゆる権限を持つ実質的なトップとなります。

運営体制は、「フォース・ユーザー」と「フォース・プ

連邦軍以外に州兵も存在

国家が運用する連邦軍以外にも各州には州兵が存在。平時は州知事の指揮下で州内の災害救助や治安維持活動を主に行い、有事には大統領の指揮下に入って軍事活動を行います。

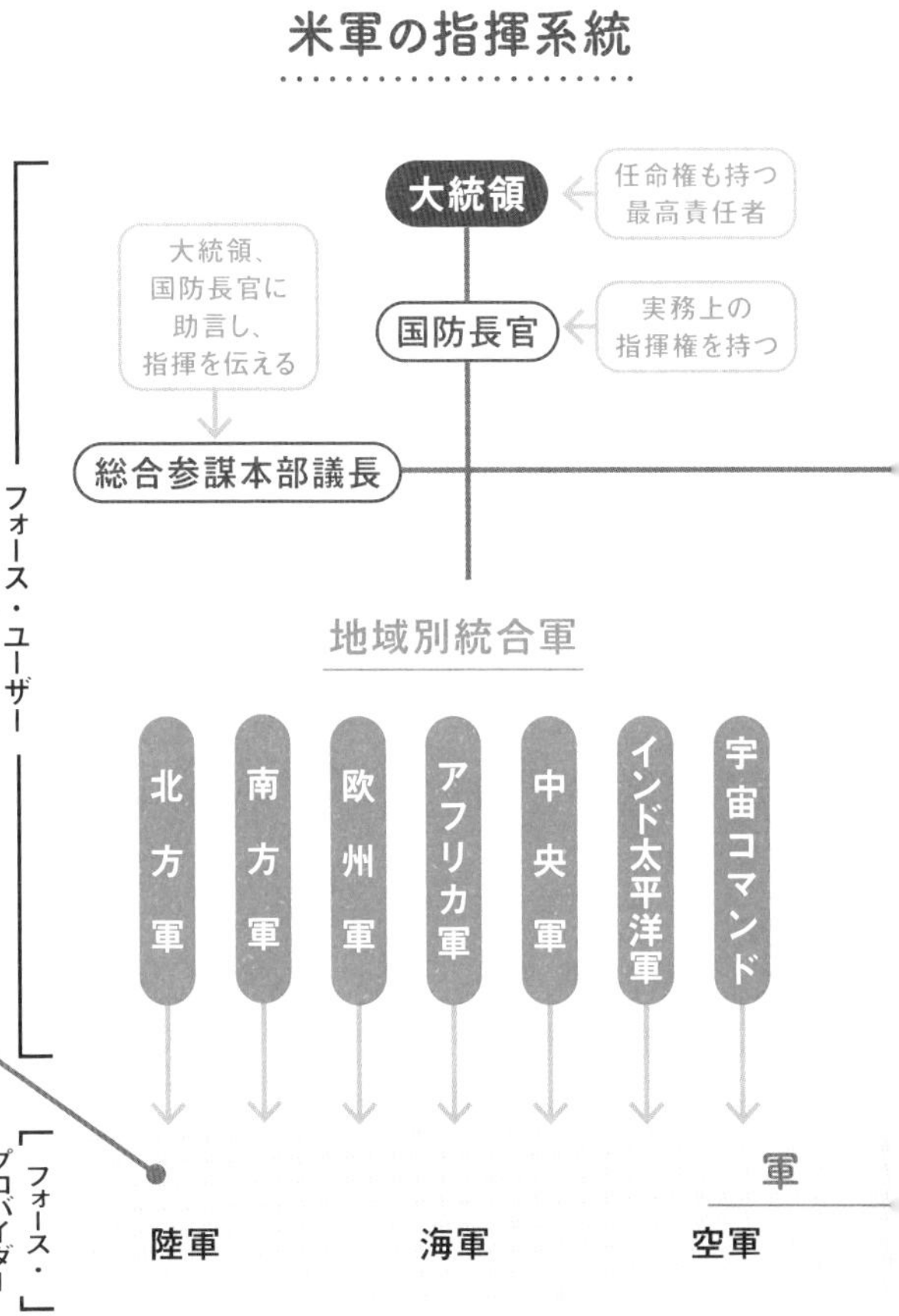

実際に軍を動かす運用者

組織を管理し、フォース・ユーザーに提供

海軍? 海兵隊?

海軍が海上戦に特化するのに対し、海兵隊は主に水陸両用作戦時の先鋒を担います。

米軍を統括する国防省

陸軍省、海軍省、空軍省が置かれ、大統領や国防長官に助言する統合参謀本部も設置されています。平面が五角形の本庁舎は「ペンタゴン（五角形）」と呼ばれています。

ロバイダー」に分かれています。5つの各軍種が人事、教育を担い、運用は統合軍編成のもと、統合軍の指揮下に配属されます。

足りない力は同盟国＝仲間と協力！「統合抑止」に転換

国力低下から戦略転換やむなし

10 年ほど前まではまだ中国との軍事力には圧倒的な差がありました。しかし現在、経済力をつけた中国がその差を縮めつつあります。

［ 10年前 ］

中国の台頭で軍事強化が迫られる

国防支出で追い上げる中国や、NATO勢力とロシアの対決がさし迫る中、**さらなる軍事力の増強を図らざるを得ない米国**。トランプ政権までの米国は、自国の強大な軍事力をベースに、「核の傘」の考え方とセットで同盟国などへの攻撃を抑止するという「拡大抑止」の戦略にありました。しかし米国をもってしても一国のみで世界の安定を目指すのは難しい状況となっています。そのためバイデン

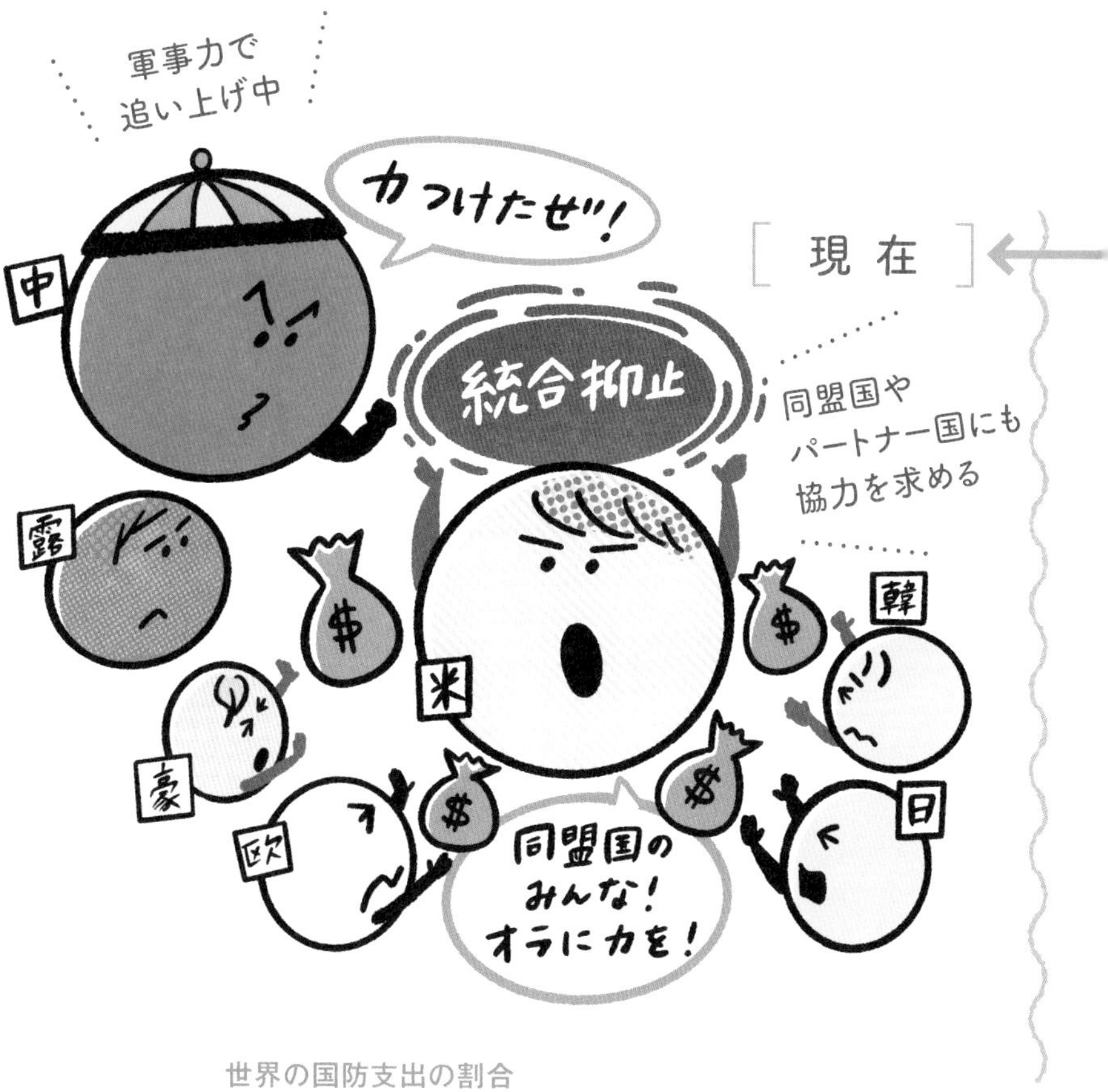

政権は２０２２年に同盟国やパートナー国と共に外交力・経済力もあわせて立ち向かう「統合抑止」（P58）の戦略をとるにいたりました。

世界の国防支出の割合

2012 年と 2022 年を比べると、米国の割合は変わらないものの中国の伸び率が目立ちます。

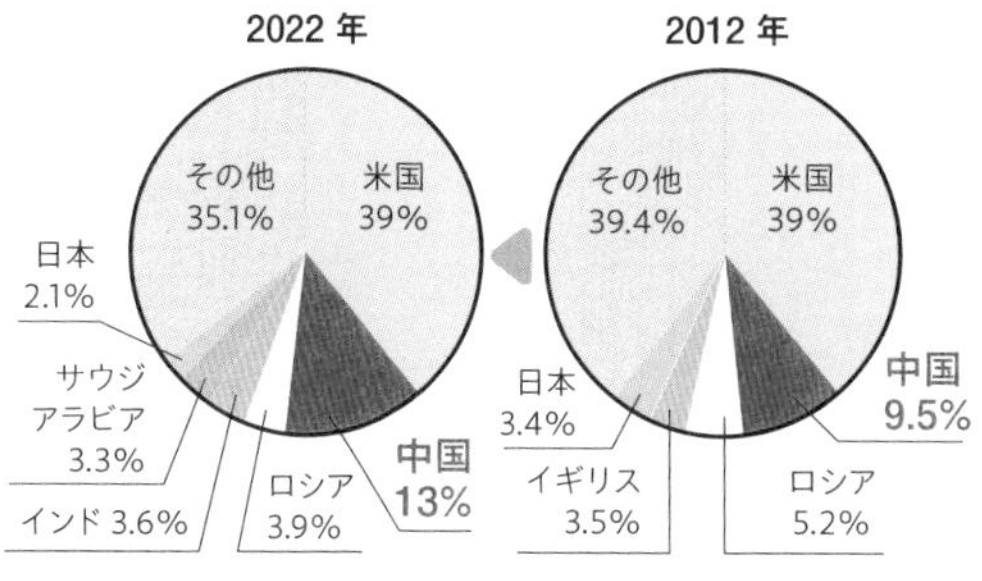

※出典：SIPRI Fact Sheet

目下最大の脅威は中国！インド太平洋が関心事項だが…

オバマ氏以降警戒レベル増！米国の対中政策変遷

経済大国へと成長していた中国が民主主義の価値観を共有できる国となるならば、仲間として迎えたいという米国の思惑は、オバマ政権下で方針転換されていきました。

オバマ政権（2009～2017年）

対中国の取り組み

- 米中２強体制を想定した「G2」を否定
- ただし中国の民主化には期待を寄せる

どこで軋轢が生まれた？中国との関係の変化

意外かもしれませんが、欧州・中東で紛争が相次ぐなかでも、中国を最重要視し、インド太平洋を防衛の重点地域と定める現在の米国の姿勢に変化はありません。そもそも米国が対中姿勢を鮮明にしたのはオバマ政権時代でした。それまでの米国は中国への経済依存を強めており、米国と中国の2強体制で世界の安定を目指す「G2」論がささやかれた時代もありました。しかし、結局**オバマ政権が中国**

を国際秩序の一員とすることを想定しながらも、アジア太平洋での対中国軍事プレゼンスの強化を図る「リバランス政策」へと転換したことから、両者の距離が離れることに。

続く**トランプ政権下では、中国とは競争関係にあると規定**。中国を米国が構築した国際システムを変えようとする「修正主義勢力」とみなし、批判します。バイデン政権でもその傾向に変化はありません。ただし**米単独で中国に立ち向かうというそれまでの考え方から路線変更**し、中国を包括的に牽制する狙いです。

トランプ政権（2017 ～ 2021年）

対中国の取り組み

- 米国と中国が大国間競争関係にあると規定
- 中国を修正主義勢力とみなす

バイデン政権（2021年～）

対中国の取り組み

- 「統合抑止」を打ち出す
- 米英豪の安全保障協力の枠組みAUKUS 発表

事例

中国に対抗し、「航行の自由作戦」実施

中国が軍事的な威圧を繰り返す台湾海峡や南シナ海で航行の自由作戦として艦隊通行を決行。

思惑

国力低下で今後の主軸は大西洋に?

米国の国力は低下傾向に。22世紀には、経済の主役に台頭するアフリカ、大西洋の方に主な関心が向かう可能性も捨てきれません（P146）。

各国の防衛

3

中国

一党独裁下で突き進む中国「経済至上主義」で軍拡中！

POINT 1

強引な経済拡大で周辺国&米国と衝突

周辺国を脅かす強引なやり方で経済を拡大中。太平洋に進出を図ったことで米国との摩擦も起こっています。

↓

台湾、南シナ海問題など
領土問題を多数抱える
（P140）

一帯一路

中国内陸部～欧州まで鉄路や高速道路で結ぶ「一帯」、中国沿岸部～欧州までの海上交易ルートを確保する「一路」で、大陸貿易に拍車をかけ、経済拡大を狙う構想。

自分たちが
世界の中心だとする
「中華思想」を
持っています

POINT 2

中国共産党の独裁で強権的な軍拡を進める

中国共産党の実質的な独裁体制により、強引な軍拡を進めています。現在その国防支出は米国に次ぐ世界第２位。一方、権威主義ゆえの国内からの反発も多く抱えます。

民族問題や民主化運動など
国内にも政情不安が

POINT 3

経済が鈍化傾向に入りナショナリズム高まる？

1990年代から猛烈な勢いで発展を続けた経済が、近年鈍化傾向に。対外姿勢をさらに強めることで国内のナショナリズムを高める可能性も考えられます。

「台湾統一」の
攻勢を強める
（P142）

飛躍的に発展した経済力によって強引な進出を推し進める

国防政策に基づき中国がやっていること

中国の活動 1

中国艦艇が太平洋上で活動。空母で艦載機の離発着演習も。

中国の活動 2

「台湾は中国の一部だ」とし、年々強い言葉で主張。弾道ミサイル発射、戦闘機の対空侵入回数の増大などが続いています。

中国が定める国防政策の中身

- **社会主義制度及び中国の社会主義現代化を支える**こと
- 国家の主権・**統一**・安全を守ること
- 海洋・海外における国家の権益を守ること
- 強固な国防と強大な軍隊を建設すること
- **中華民族の偉大なる復興**という「中国の夢」を実現するために強固な保障を提供すること

など

中国国防白書（2019年）より

目指すは米軍と同等の戦力確保！

２０１９年の中国の国防白書「新時代における中国の国防」によると、国防政策の目標には「中華民族の偉大なる復興」という考え方が掲げられており、強いナショナリズムが根本にあることが見てとれます。

中国は過去30年以上にわたり、国防費を大幅に増加させ、核・ミサイル戦力や海上・航空戦力を中心に軍事力の質・量を強化してきました。２０２０年には、２０３５年まで

中国の活動 3

積極的な融資を行った結果、債務不履行に陥ったスリランカのハンバントタ港が事実上、中国国有企業のものに。

中国の活動 4

犬猿の仲のインドを囲い込むためパキスタンの港を借り上げ。スリランカとの間でインドは挟み撃ちに。

に国防と軍隊の近代化を実現すること、さらに**21世紀中頃までに中国国軍を世界一流の軍隊に全面的に築き上げること**を表明しています。専門家によると中国のいう「世界一流の軍隊」とは、米軍と同等以上の軍事力を持つ軍隊と考えられ、米国への挑戦姿勢が明らかです。

　現在、その最大の関心は台湾問題です。**台湾の完全統一の実現を最優先**に、海洋・海外権益を守るため、遠方地域での作戦能力の向上も図っていると見られています。

中国人民解放軍は中国共産党の軍隊

統合軍が軍種をまとめる人民解放軍

米軍同様、各戦区（P74）ごとに軍種（戦区隷下部隊）を指揮する統合軍編成。フォース・ユーザー、フォース・プロバイダーの考え方も同じです（P63）。ただし軍種に対して軍種司令部がサポートする体制がとられています。

○	○	○
○	○（南海艦隊）	○（東海艦隊）
○	○	○
○	○	○

中国の一党独裁を支える軍体制

中国の軍組織の特徴は、**中国共産党の指揮下にある点**です。最高軍事指導機関は「党・国家中央軍事委員会」であり、その主席の地位が党トップに委ねられています。また中国の「国防法」では、「中国の武力は共産党の領導を受ける」と定められています。防衛の中核を担うのは人民解放軍です。**人民解放軍は、そもそもが中国共産党の「紅軍」を起源とする武装組織**です。同組織は1947年に蔣介石

中国軍の指揮系統

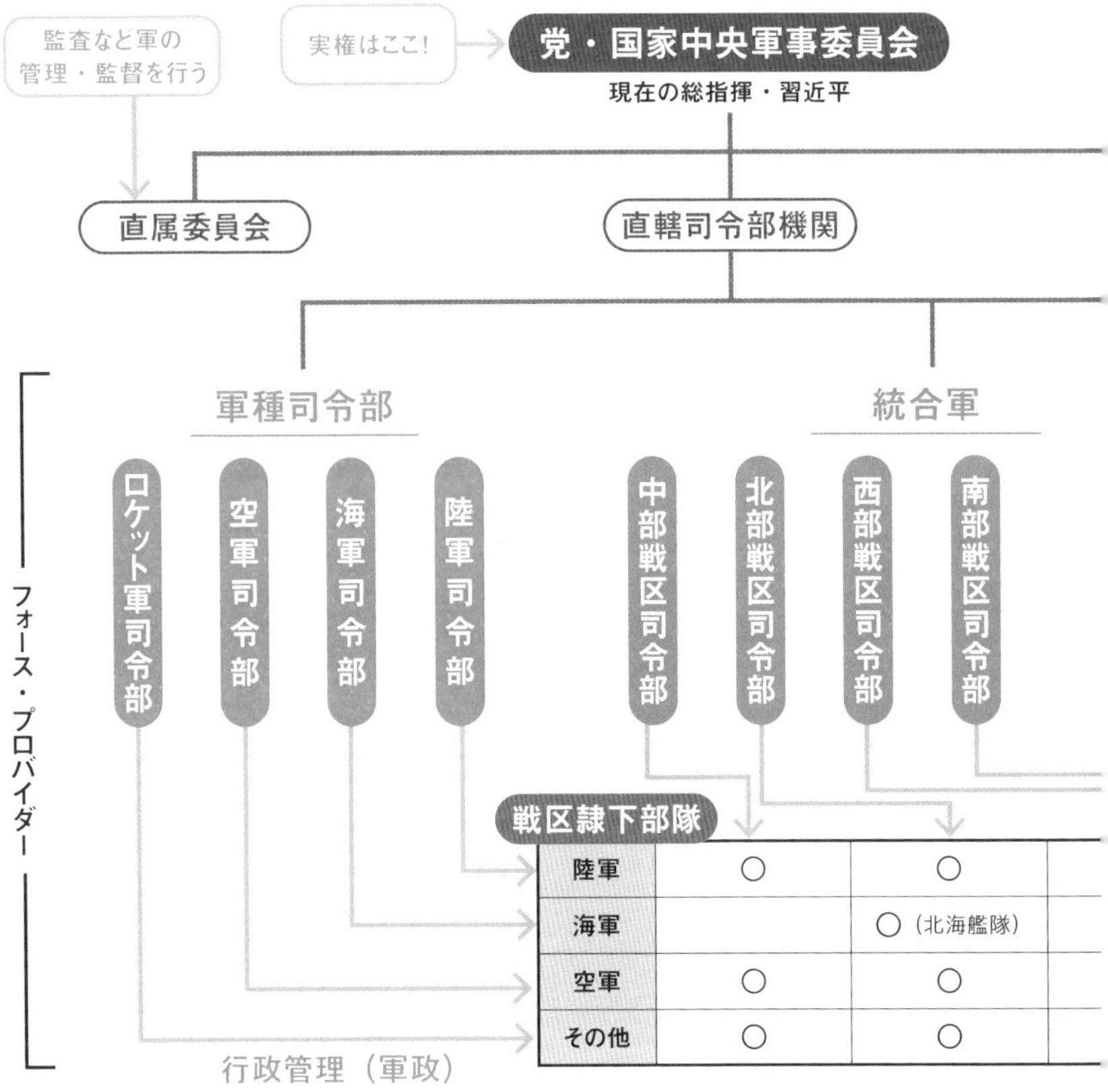

率いる国民党と毛沢東率いる共産党が戦った「国共内戦」時に人民解放軍に改称、中国共産党を勝利に導きました。以来、**中国共産党の一党独裁体制を支える軍**となっています。

人民解放軍

中国共産党の武装組織「紅軍」として1927年8月1日に蜂起。そのため軍旗には「八一」の文字がデザインされている。

「五大戦区」で広大な領土ににらみをきかせる

中国の五大戦区

人民解放軍の行政区画
習近平が2016年に新編

かつては陸軍中心だった7つの「軍区」を、2016年に習近平が新編。軍種を横断する統合軍編成となり、より実戦重視の体制となりました。

日本～イスラム圏までを想定し、広範囲を防衛

中国の軍の配備状況について見ていきましょう。中国軍は米軍の地域別統合軍にあたる指令機関として、**国内を5つの戦区にわける「五大戦区」体制**をとっています。各戦区が人民解放軍の陸・海・空軍の3軍種を運用するという統合軍編成です。その防衛範囲は広く、**北はロシア、東は日本の領域、西は中央アジアのイスラム圏、南は東南アジアまでを対象として想定**しています。

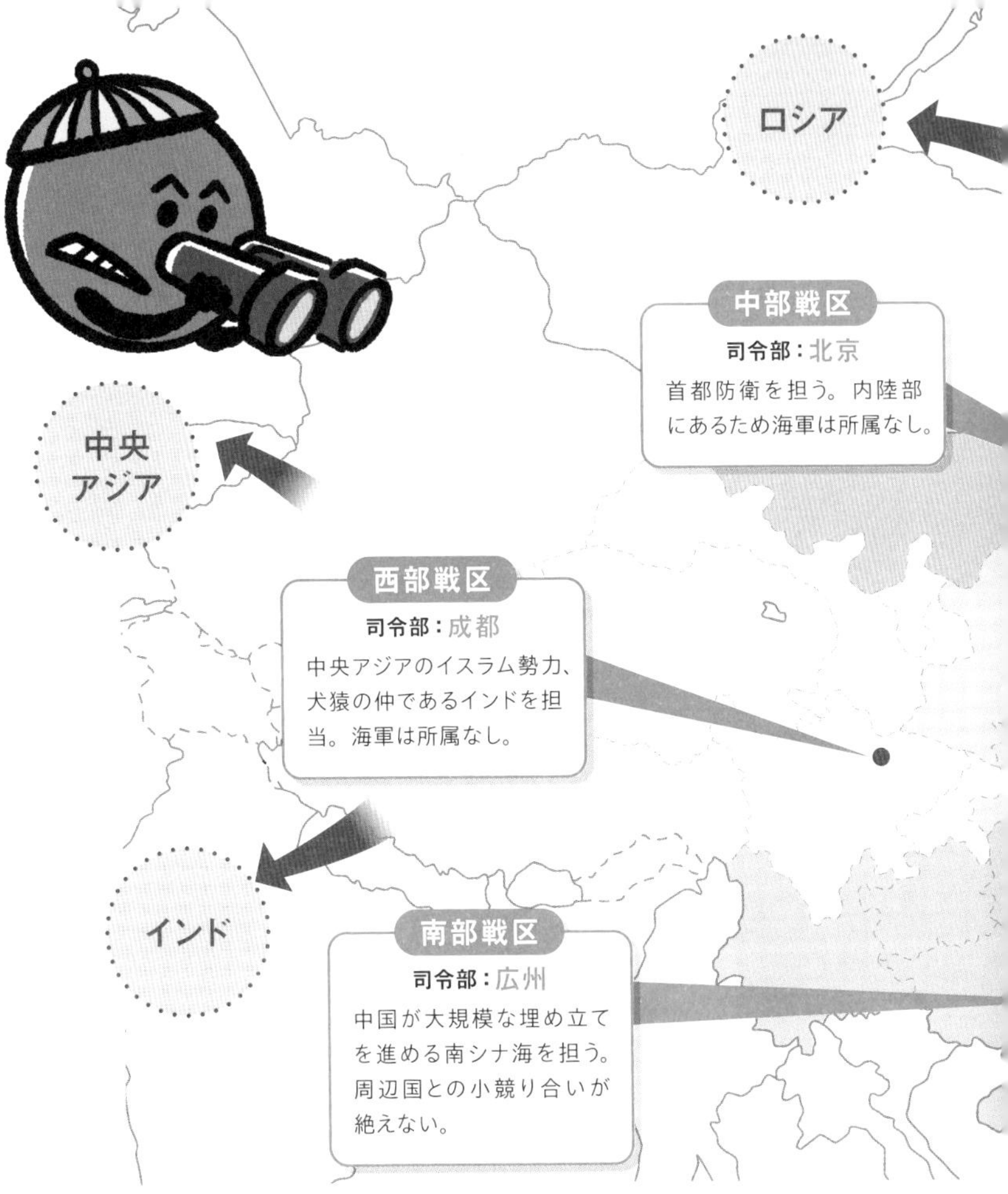

また近年は、人民解放軍のほかに党・国家中央軍事委員会（P72）の指揮下に編入された武装警察内の「中国海警局」も、海上戦力の一端を担います。さらに軍以外の武装力のひとつとして「民兵」が存在し、海上民兵によるゲリラ活動も懸念されています。

海上民兵

漁民や離島住民で組織され、中国の海洋権益のための尖兵に。裏では中国共産党が指揮していると見られ、特に南シナ海での活動などが指摘されている。

対アメリカを想定し、防衛力爆上げ中! 核大国になるのは時間の問題

国防費は日本の6倍 武器の近代化も進める

中国は国防を経済と並ぶ重要課題と位置付けており、経済発展の波に乗る形で資源投入を続けてきました。2024年度の国防予算は約34・8兆円と発表し、なんと**前年比7・2%の増額**。**その規模は、日本の4・4倍**です。しかし公表値以外にも軍事目的の支出があると見られ、それを含めると日本の約6倍強となります。

　軍事力について、ミサイルから見ていきましょう。大陸

国防予算を爆上げ! 10年で2倍超に

中国の国防予算は 2014 ~ 2024 年の 10 年間だけを見ても約 2 倍の伸び率です。

中国が公表している国防予算の推移

出典：令和 5 年版「防衛白書」

中国の戦力データ

兵士	約204万人
主力戦車	約6,050両
艦艇	約720隻
空母	2隻
潜水艦	約70隻
近代的戦闘機	約1,500機
爆撃機	約180機

法律上は徴兵制だが、優れた人材確保のため実際は志願制。

DF-41で 米都市も射程に

一発に 10 個もの核弾頭が搭載でき、射程約 11,200km となる新型 ICBM「DF-41」。中国本土から米主要都市を射程に収めています。

戦略

核兵器増産中!
2035年までに1,500発目標

2021年時点で400発以上を保持。さらに1,500発を目指すことを発表し、米国、ロシアと肩を並べる核大国への階段を急速に駆け上がっています。

戦略

艦艇数は米軍以上!
自前の空母も

2隻目となる国産空母「山東」が2019年に就航。さらに3隻目となる空母「福建」を建造中です。

間弾道ミサイルは、新型ICBM「DF‐41」や迎撃がより難しいとされる極超音速滑空兵器の開発を進めるなど、武器の近代化を急ピッチで進めています。１９５０年代半ばから核兵器の独自開発に着手し、**核弾頭数は２０２１年には４００発を超え、さらに２０３５年までに１５００発を保有する可能性もあります。**海上戦力では米海軍を上回る規模の艦艇を保有。国産の空母を含む2隻を抱え、3隻目の就航も控えます。さらに宇宙・サイバー・電磁波領域に力を入れています。

勝手に「十段線」を主張！台湾までを自国領アピール

国際法無視で米国と対立　さらに第一、第二列島線も!

「十段線」とは別に中国が海からの武力介入の指標とする「第一列島線」、「第二列島線」の概念は、現在は対米防衛ラインとして重視されています。

ルール無用の権益拡大　太平洋の防衛線も確保

現在、台湾問題と併せ、中国が特に力を入れているのが太平洋の権益拡大です。１９５０年代、**中国は南シナ海の島嶼《とうしょ》を自国領とする目的で、その海域を囲み、台湾南端沖まで９個の破線を引いて世界にアピールしました。いわゆる「九段線」**です。国際法下には根拠のないものですが、中国は主張を変えず、**２０２３年にはさらに破線を台湾東側にひとつ追加し、台湾まで取り込む囲む形の十段線へと**

ロシア、北朝鮮と関係を強化して西側勢力に対抗

中国の進出を押しとどめようとする米国側の勢力に対抗するため、ロシアと軍事的に協力し、北朝鮮に対しては指導役として結びつきを強めています。

ロシア・北朝鮮との関係

変更しました。

九段線、十段線とは別に、**中国が主張する権益に「第一列島線」「第二列島線」があります。**これは中国が勢力圏確保を目的に設定した海上の防衛ラインで、第一列島線は、同線より内側への米海軍艦艇などの侵入を阻止しようとするもの、第二列島線はさらにその拡大を目指すものです。

現在、中国は第二列島線での海洋調査を活発化させており、日本にも「沖ノ鳥島は岩礁なので、同島周辺の日本の排他的経済水域は認められない」と主張をしています。

4

ロシア

国境数世界一！　広大な領土ゆえに防衛の悩みが尽きないロシア

POINT 1

強硬な対外姿勢の裏に領土を奪われる恐怖が

数多くの国と国境を接しているため、気を抜くと周辺国から攻め込まれるリスクが。ウクライナ侵攻は東方拡大を続けるNATO勢力への恐怖心からという側面もあります。

不凍港確保という伝統的要望

冬季には多くの港が凍り使用できなくなってしまうため、伝統的に南下政策と極東への勢力拡大で不凍港を確保する政策が取られてきました。

POINT 3

プーチン大統領のもと「強い国家」を自認

現在はプーチン大統領をトップとした垂直的な権力構造のもと「強い国家」を目指して欧州勢力へ対抗意識を強めます。

POINT 2

GDPはイマイチ…
しかし豊富な天然資源で強気

旧ソ連崩壊後、堅調に立て直してきたロシア経済でしたが、2000 年ごろから成長が鈍化。現在の GDP は世界 12 位です。しかし資源輸出で外貨を得て、軍事力の拡大を図っています。

ロシアの輸出品目（2021年）

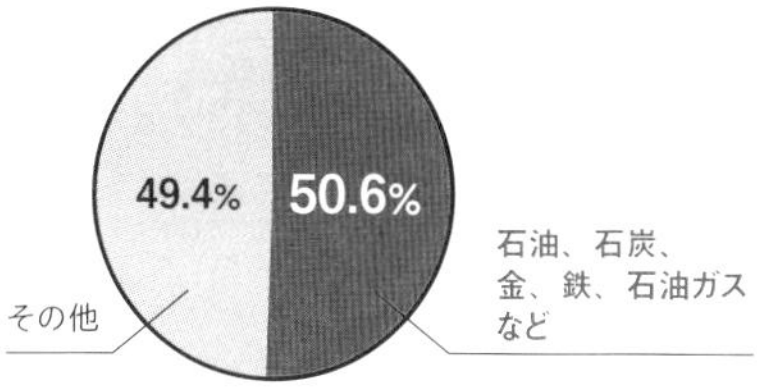

出典：経済産業省「通商白書 2022」

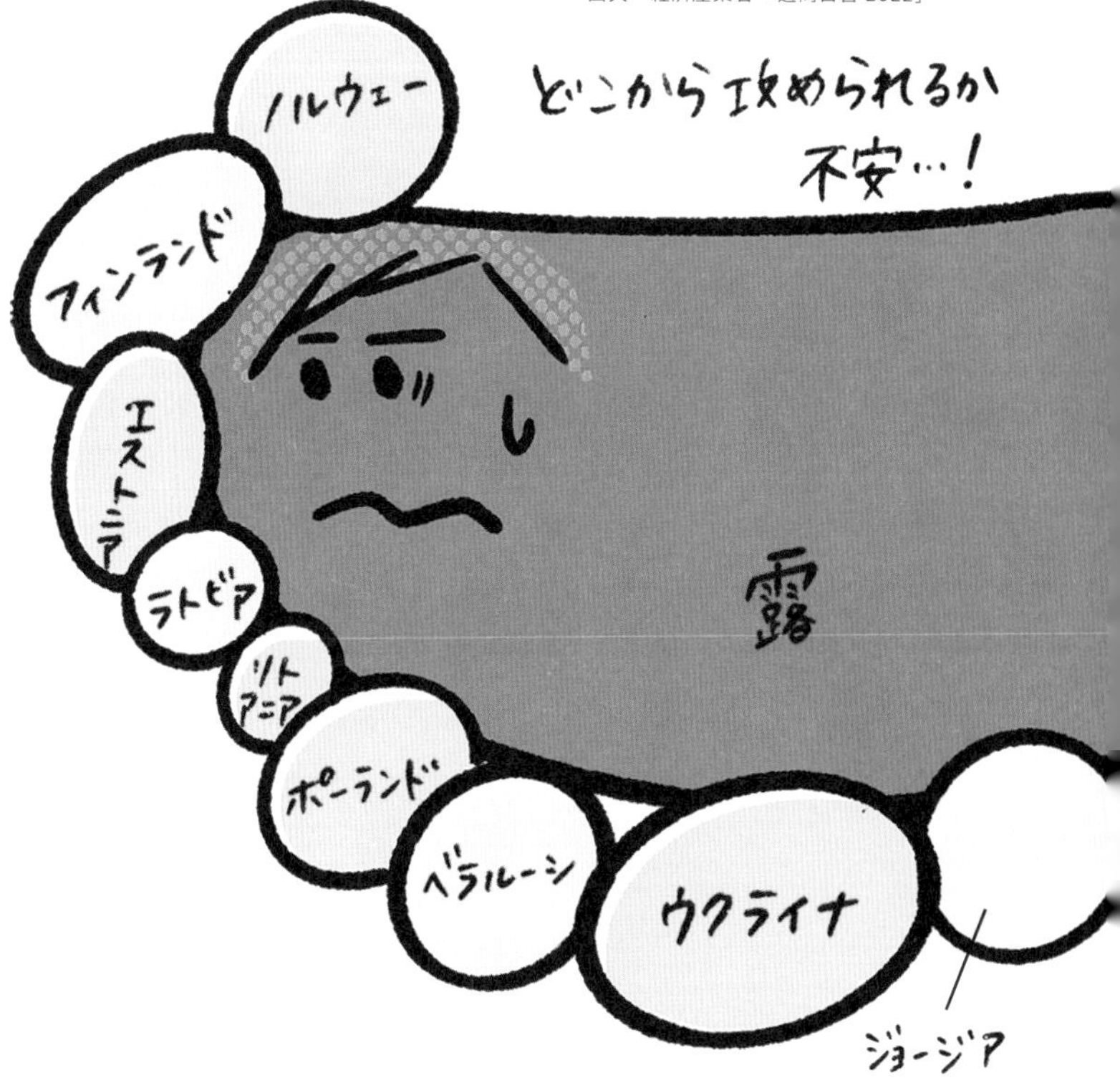

大国主義のプーチン大統領のもと米・欧州（NATO）勢力に対抗

旧ソ連の失敗の歴史を踏まえ「強いロシア」を目指すプーチン

社会主義が崩壊した旧ソ連の失敗を踏まえ、権力一局集中の体制でイデオロギーに頼らない強い国家像を打ち出したプーチン大統領。政権中枢や国家統治下の企業に KGB 出身者を配置し、人脈による支配も強めました。

現在

ウラジーミル・プーチン（元KGB）

2000年から20年以上にわたり権力維持

権力一極集中により広い国土を統一

現在の「大国主義ロシア」へ至ったのには、大統領などとして２０００年の就任から20年以上にわたり権力を維持するプーチンの存在が大きいとされます。２０００年当時のロシアは、旧ソ連崩壊を引きずっての経済危機や、チェチェン紛争をはじめとする各地の独立の動きなど、政治的に混乱していた時期でした。そんななかで就任したプーチン大統領は、「強いロシア」の復活を掲げ、**大統領に権力**

戦略

緩衝地帯を確保し、対抗勢力に備える

ロシアがウクライナにこだわる理由のひとつは、NATO勢力との緩衝地帯の確保です。NATOと直接境界を接することを避けるため、隣国を自国側につけておきたいのです。

TOPIC

北極海航路開拓&南下政策で勢力拡大

クリミア半島併合は通商ルートの確保のための南下政策の一環でした。そこに近年、地球温暖化の影響で北極海航路の開拓が新たに加わりました（P148）。

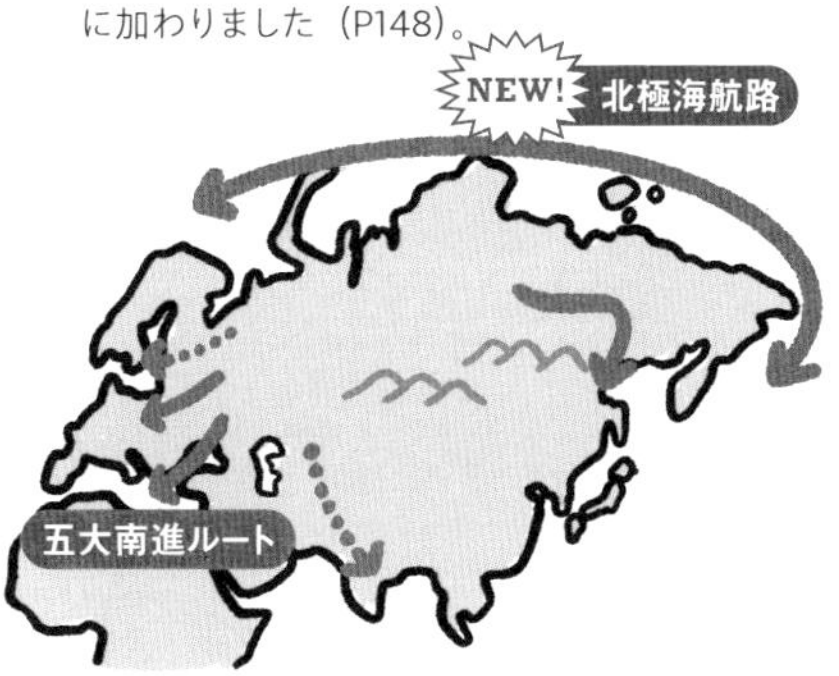

ロシア失敗の歴史

1922年

社会主義国家ソビエト連邦誕生

▼

1991年

旧ソ連崩壊
ロシア+14の国へ分裂

▼

～2000年頃まで

資本主義に転換するも政治的混乱

を一極集中させて広大な国土の安定を図ろうとする垂直的な権力構造を目指します。

プーチン大統領の対外姿勢を見ると、意外なことに**就任当初はロシアの経済発展を優先し、対NATO&対米協調路線を目指す動き**がありました。旧ソ連国家バルト三国のNATO加盟を見逃したのもそうした理由です。しかし、その後、欧州勢力との関係が少しずつ悪化。2014年にロシアがウクライナのクリミア地方に攻め込み、一方的に併合したことで、西側諸国との対立が決定的になります。

世界一の領土を守る軍管区体制 3軍種＋2独立兵科を統合運用

大統領を最高司令とした連邦軍が中心の軍組織

3軍種が軍管区へ戦力を提供する「フォース・プロバイダー」、各軍管区が戦力を使用する「フォース・ユーザー」の統合軍編成。大統領に直接指揮される独立兵科の考え方が特徴です。

○	○	○
	○	○
○	○	○

重要部隊は大統領直轄に

現在のロシア連邦軍は、陸軍、海軍、航空宇宙軍（空軍に相当）の3軍種と、戦略ロケット部隊、空挺部隊（空中輸送で目的地に移動し、戦闘を行う部隊）の2つの独立兵科から構成されています。**ロシア独自のシステムである「独立兵科」**とは、軍種のなかでも特に重要な兵科であるため、独立した機能を持って動く組織のことです。

　3軍種を運用するのは、ロシアの5つの軍管区にそれぞ

ロシア連邦軍組織の指揮系統

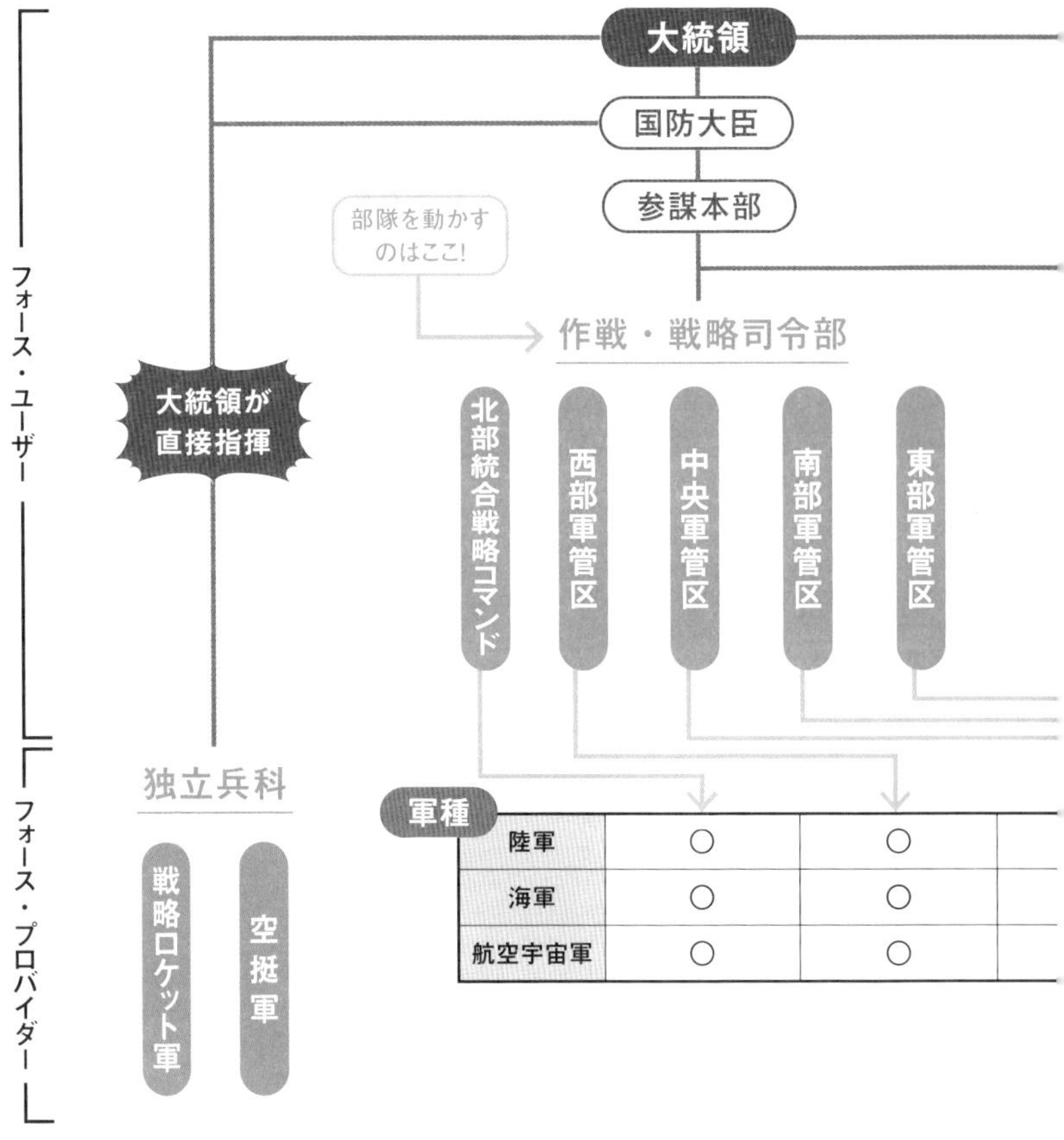

れ設置された「統合戦略コマンド」で、米軍の統合軍編成と同じ考え方になります（北部統合戦略コマンドは軍管区の地位を持つ）。一方、戦略的なキーを握る2独立兵科と海軍や航空宇宙軍の一部の重要部隊は、大統領＝最高司令部によって直接指揮されます。

軍管区と戦略コマンド

軍管区とは担当範囲のことで、平たくいうと“縄張り”。軍用語においてのコマンドは部隊の単位。

中国と同じ軍管区制 海軍力も重視

TOPIC

プーチン政権が重視する海軍

海洋を発展分野と重視するプーチン大統領。北方艦隊を主軸に「北部統合戦略コマンド」に引き上げるなどしています。

軍管区の考え方は中国と同じ

国土を割ってそれぞれに統合軍を配置する考え方は、同じく広大な領地を抱える中国と同様の考え方です。

旧ソ連型組織をコンパクト化へ

旧来のロシアは大国同士の衝突を想定した旧ソ連型の大規模な軍組織でした。しかし近年、多様化した現代の脅威に対応することを目的に**軍の近代化、コンパクト化を掲げ、より即応性の高い組織に改編。**その取り組みのひとつとして従来6つだった軍管区を4つに統合しました。さらに同タイミングで各軍管区に統合戦略コマンドが設置され、軍種統合運用の体制に。その後、「北部統合戦略コマンド」を

軍管区の地位に上げ、**現在は5つの軍管区で広大な領土を守ります。**

しかし2022年のウクライナ侵攻でコンパクト化の流れはストップ。再び兵員数増加や部隊編成の拡大を目指す動きとなっています。現在、ウクライナ戦争は全軍管区が関与する総力戦となっていますが、その最前線となり、最も多くの兵力が投入されているのは南部軍管区です。また**NATO勢力に与する米国とは、西太平洋、北極海を挟んでも対峙するため、全軍管区が関与している**と言えます。

近代化の遅れを原子力潜水艦と核兵器で補う

ロシアの戦力データ

兵力	約115万人
戦車	約7,070両
艦艇	約1,170隻
空母	1隻
潜水艦	72隻
近代的戦闘機	921機
爆撃機	137機

兵士は1年間の徴兵制。だが、長期雇用のための契約勤務制度あり。

武器の近代化で遅れをとるロシア

2022年ウクライナ侵攻で、軍事力では圧倒的に劣るウクライナが当初善戦したのは、西側諸国による最新の武器提供の影響があります。システム、性能面で劣るロシアは数に頼るしかない戦況となりました。

足りない力は数で勝負 ウサデンにも注力

通常戦力では米国をはじめ軍事先進国に遅れをとるロシア。そのアンバランスを補うべく重視するのが核戦力です。戦略核戦力としては、米国と並ぶ規模のＩＣＢＭ、潜水艦発射弾道ミサイルを保有。**保有核弾頭数は世界一**です。

また旧ソ連時代から**原子力潜水艦の拡充**にも力を入れます。原子力潜水艦は従来のディーゼル式潜水艦に対し、航行距離や艦内電力供給量では圧倒的に優位。ロシアは米

注力する防衛力 1

原子力潜水艦

冷戦時から原子力潜水艦に力を入れ、現在保有数は世界第２位です。

大国の原子力潜水艦保持数

1位	米国	67隻
2位	ロシア	30隻
3位	中国	12隻
—	日本	0隻

すべてディーゼル潜水艦

注力する防衛力 2

核戦力

核弾頭数は米国以上。米国とは戦略核戦力の上限を定めた新戦略兵器削減条約（新 START）を結んでいましたが、2023 年２月に効力の一時停止を一方的に宣言しました。

大国の核弾頭数

1位	ロシア	4,477
2位	米国	3,708
3位	中国	400以上
—	日本	0

注力する防衛力 3

新領域

宇宙領域では対衛星ミサイル・システムの開発や、衛星破壊実験を実施。電磁波領域では 2009 年に電子戦部隊が編成。

国に次ぐ数を保有しています。**さらに新領域（宇宙・サイバー・電磁波）での軍の運用能力の拡充も目立ちます。**

中国軍と連携する動きも見逃せません。軍管区級の年次大規模演習に中国軍部隊が積極的に参加するなど、戦略的な結びつきを強めています。

一方、「国家装備計画」に基づき装備の開発・調達を行ってきましたが、ウクライナ侵攻による消耗、半導体部品などの入手困難な状況が継続。現在、極端に装備品が不足しているという指摘があります。

味方を増やしNATOの一極集中化阻止!

拡大したいロシア勢力

世界の多極化を目的に諸外国と協力

ロシアが阻みたいのは、世界の事案が米国とその同盟国によって意志決定される一極集中化。対抗策として諸外国と手を組みさまざまな協力関係を築いています。

軍事的にロシアと協力する中国・インド

冷戦時代には国境問題で対立した中国とも手を組み、インドも加え共同で軍事演習。

ロシアが手を組む国

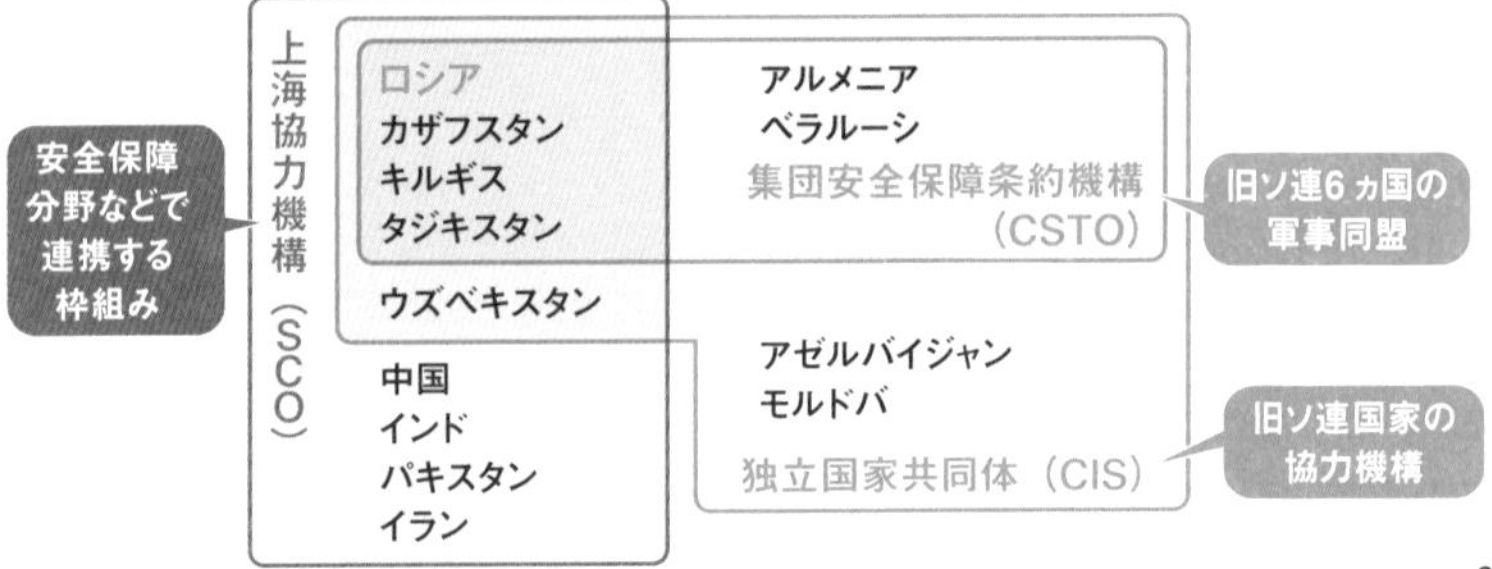

［ NATOへの対応 ］

軍事費大幅増! NATOとの対立鮮明に

軍のコンパクト化を目指していたものの、ウクライナ侵攻で軍事費を大幅増額。背後に控える欧米勢力をにらみます。

上り続けるロシアの軍事費

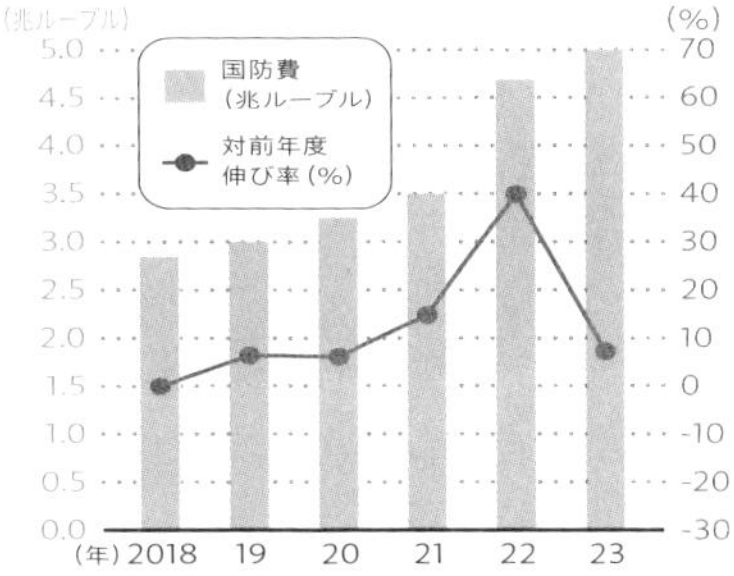

出典：令和５年版「防衛白書」

バルト三国はすでに NATO加盟済

旧ソ連国家ラトビア、エストニア、リトアニアはプーチン大統領が西側協調路線あった時代にNATO加盟。このことは、その後のプーチン政権の強硬姿勢につながっています。

TOPIC

北方領土での活動も活発化 防衛線をかためる

ウクライナ侵攻中も東方への警戒を緩めていません。北方領土に新型装備を配備、ミサイル戦力を増強しています。

次に狙うのはモルドバ!?

旧ソ連国家で内部に親ロシア派を抱え、経済的にもロシア依存のモルドバは、ロシアが狙いやすい状況と指摘されます。

各国の防衛

5

北朝鮮

軍事先進国を目指す北朝鮮 金正恩体制となり先鋭化

基本戦略　劣勢の通常戦力を補うためミサイル開発を急ぐ

朝鮮労働党創立80周年となる2025年までの軍事目標として、「国防五ヵ年計画」を発表。日米韓への対決姿勢を明らかにし、ミサイル開発などを押し進めます。しかし現在のところ計画は道半ばです。

国防五ヵ年計画の現在

計画の一部	現在の経過
長距離ミサイル射程1.5万km圏内の命中力の向上 固体燃料式ICBMの開発推進	「火星17」「火星18」の発射実験をするも、弾頭の大気圏への再突入技術は未確立
戦術核兵器の開発	小型化、軽量化にはさらに実験が必要
軍事偵察衛星の運用	技術確立中

金正恩
(2011年～)

金正日
(1998年～2011年)

金正恩体制下で軍拡に拍車をかける

北朝鮮は、朝鮮労働党による一党独裁体制で、トップは金日成、金正日、金正恩と世襲制です。金正日体制時代にはじまった弾道ミサイルの発射数は金正恩体制となって10年で、それまでの10倍近く、核実験は6回を数えます。**しかし慢性的な経済不振などにより、通常戦力では韓国軍・在韓米軍と大きな開きがあります。**差を埋めるべく、2021年に「国防科学発展及び武器体系開発五ヵ年計画（通称：国防五ヵ年計画）」を発表しました。近年の動向で注目すべき点は、サイバー攻撃での外貨稼ぎです。調達した資金は核・ミサイルの開発費に充てていると見られます。

動向

核・ミサイルの開発費はサイバー攻撃でハッキング

世界中の銀行や仮想通過取引所をハッキング。2022年だけでも17億ドルの暗号資産を盗んだというデータもあります。

ここをCHECK!

よく聞く北朝鮮のミサイルの種類の一例

ミサイル名	種類	性能
ノドン改良型	中距離弾道ミサイル	飛行距離約1,300～1,500kmで、日本全土を標的にできる。注入に時間がかかる液体燃料だが、移動式発射が可能。
火星18	ICBM	飛行距離約15,000kmで、実用化されれば米全土を標的にできる。迅速な発射が可能な固体式燃料、かつ移動式発射で位置特定が困難。
火星17	ICBM	飛行距離約15,000km以上。液体燃だが移動式発射。
北極星3	SLBM	射程距離は約2,000km。潜水艦発射型の中距離弾道ミサイル。

各国の防衛

6

韓国

あくまで休戦中の韓国 在韓米軍の再編成がカギに

基本戦略

DMZはソウル至近距離! 在韓米軍が抑止力に

DMZは、人口約1,000万人の首都ソウルからおよそ60kmで、日本の東京〜小田原市程度の距離しかありません。圧倒的な抑止力を持つ米軍(名目上は国連軍)の抑止力が北朝鮮の行動を実質的に抑えています。

米軍頼みの韓国 再編の結果は？

民主主義国家として米国の同盟国のひとつである韓国。朝鮮半島を分断し争った朝鮮戦争は１９５３年に休戦。しかし**あくまで休戦中の状態で、終戦したわけではありません。**休戦にあたり、北緯38度付近の前線が軍事境界線となり、

しかし…

韓国軍主導の防衛体制 未来連合軍司令部へ

現在は有事の際、米国軍人が作戦指揮し、韓国軍人が従うという指揮系統がとられています。しかし将来は「未来連合司令部」として韓国軍人が指揮する形が目指されています。

動向 武器輸出が好調! 防衛産業が国防力に

ウクライナ侵攻を機に、各国で武器需要が高まったこともあり、コスパに優れた韓国製武器に熱視線が。韓国は現在、武器輸出国として2027年までに世界4位に入ることを目標に力を入れています。

その両側各２km圏内が非武装地帯（ＤＭＺ）とされました。その**ＤＭＺが首都の至近にある**というのが、韓国の軍事的弱点です。兵制は現在も徴兵制ですが、日本を上回る激しい少子化の影響が今後韓国の防衛力にどう影響するかが懸念されます。一方、韓国には米韓相互防衛条約にもとづき米軍が駐留しています。近年は、**米国の負担減と韓国軍のプレゼンス向上を目的とし、作戦統帥権の移行や在韓米軍の再編などが進められています。また武器輸出が好調なことも注目点**です。

Defense of each country
Column 03

ニュースでよく聞く 艦艇の種類とイージス艦

航空母艦（空母）	艦上に航空機を搭載し、海上の航空基地と滑走路を担う。ちなみに空母打撃群とは、1隻の空母と駆逐艦、潜水艦、補給艦などから成る戦闘部隊。
揚陸艦	兵員や物資を海上輸送する水陸両用作戦の要。攻撃機や輸送用ヘリコプターなども搭載し、それらを使いつつ目標地点に強襲上陸を行う強襲揚陸艦もある。
駆逐艦	機動性と耐久性に優れ、多彩な作戦任務を担う海上戦の主力。イージス艦、日本の護衛艦もこれにあたる。駆逐艦より小型のものにフリゲート艦がある。

弾道ミサイル防衛の要「イージス艦」

イージス艦艇に搭載される「イージス戦闘システム」とは、艦内すべての通信機器、武器などを中枢コンピューターで連結させた統合戦闘システムのこと。特に「イージス武器システム（AWS）」は、ミサイルによる防衛を主な目的にした対空防衛システムを指します。このシステムにより探知～目標攻撃までの速度が高速化されるため、現在、弾道ミサイル防衛（BMD）（P52）の要となっています。

Chapter 3

防衛戦略を左右する世界の勢力図

世界の紛争の事例を分解すると、諸問題がレイヤーのように重なり衝突につながっていることがわかります。特に対立要因となりやすい3つの勢力図と、陰で関係する問題に焦点を当て、各国の防衛戦略の裏事情を見ていきましょう。

経済、宗教…対立へいたる
問題のレイヤーは多層!

世界の防衛勢力図

A国、B国の対立を
分解してみると…

衝突の事例

米国・韓国 vs
中国・北朝鮮

P108

対立レイヤー①

経済協力問題 P100

経済的な結びつきや対立が摩擦の原因に。1国への依存度が高まり過ぎることでバランスが崩れ、衝突が起こる例が多々あります。

衝突の事例

欧州 vs ロシア

P112

対立レイヤー②

エネルギー問題 P102

石油や天然ガスは産出国が限られる天然資源です。日本をはじめとするエネルギー輸入国は、輸出入トラブルがそのまま国の死活問題に。

対立レイヤー③

宗教・民族問題 P104

冷戦時代はイデオロギーの対立となることもありましたが、歴史上、より多くの対立を生み出しているのは宗教・民族問題です。

衝突の事例

インド vs
中国・パキスタン

P116

対立レイヤー:番外編

武器規格問題 P106

前面に出ることはありませんが、武器規格の違いという現実問題も、対立構造にかかわる形で存在します。

実は
めちゃくちゃ
重要!
世界の規格は
2種類

対立レイヤー 1

金の切れ目が縁の切れ目に!?

経済協力問題

途上国への経済援助が影響力に直結!

国際関係上、思惑のない経済援助はあり得ません。日本や先進国が行うODAも中国型の経済支援も、自国の利益につながることを目的に行われます。

アフリカ諸国を支援し味方につけるロシア

強引な開発支援が問題視される中国

事例 1

NATO勢力と対立するロシアは、経済協力をはじめ自国の食糧、エネルギー、武器供給に依存するアフリカ諸国を味方につけています。

中国型のODAが問題の火種に

各国とも自国の権益確保のために多くの国とさまざまな経済協力関係を結んでいます。**経済協力には援助（ODA）から貿易・投資関係を含みます**。ときにはその関係が対立の火種となる危険もあります。

一方、中国は、ODAとは別の形で大規模な経済援助を行っています。**中国型の援助は、自国の資源確保や権益拡大が目的**です。現地に自国の労働力を派遣する中国のやり方は、スピーディな一方、相手国のメリットが少なく、また返済が滞ると相手国の資産を強制的に差し押さえることもあり、各国との摩擦が問題視されています。

ODA（政府開発援助）

途上地域の開発協力のための国際協力活動にあてられる公的資金。資金の贈与または貸付け、技術提供を行う。

事例 2

インフラ投資で相手国を借金漬けにし、返済不履行に陥ったところでインフラを差し押さえる「債務の罠」外交は、さまざまな問題点が指摘されています。

＼ 現在、方針転換中 ／

問題
- 中国経済失速で海外投資に影
- インフラ施設は現金化が難しい

対策
- 小規模投資に切り替え
- より巧妙な資金回収システムへ

対立レイヤー

2

限られた天然資源の争奪戦に エネルギー問題

ロシアが強気な理由もこれ エネルギー資源の争奪戦

限られたエネルギー資源は、強い貿易カードに。ウクライナ侵攻時には、各国がロシアへの経済制裁に加担する一方、エネルギー供給問題との狭間で苦慮することになりました。

事例 1

市場価格は相対的に値上がり。原油の多くを中東に頼る日本でも2022年度の鉱物性燃料輸入額が前年比で96.8%上昇するなど、危機的状況に。

中東(ドバイ)の原油価格の推移

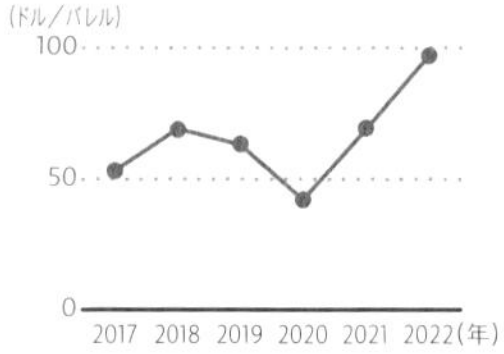

出典：新電力ネット「原油価格の推移」

事例 2

ロシアにエネルギー依存を続けてきた国が苦境に立たされることに。ロシアに代わるエネルギー供給国を模索していますが、長期的な投資が必要です。

燃料止めるぞ！は多くの国で死活問題

対立レイヤーの2つめは、エネルギー問題です。産出国が限られる原油、天然ガスは多くの国が輸入に頼らざるを得ず、日本では石油の約99％を、天然ガスは約98％を輸入でまかなっています。相手国との対立により供給をストップされてしまうことは国の運営の死活問題。こうした天然資源に恵まれ、強い貿易カードとしているのがロシアです。

そんななか、**米国は特殊な地層（シェール層）から原油や天然ガスなどエネルギーを掘削する技術を開発**。供給問題から一抜けする形となりました。

事例 3

2000年代半ばにシェール層から原油、天然ガスを抽出する技術を開発した米国。エネルギー輸出大国として台頭することに。

世界の原油確認埋蔵量分布（2020年末）

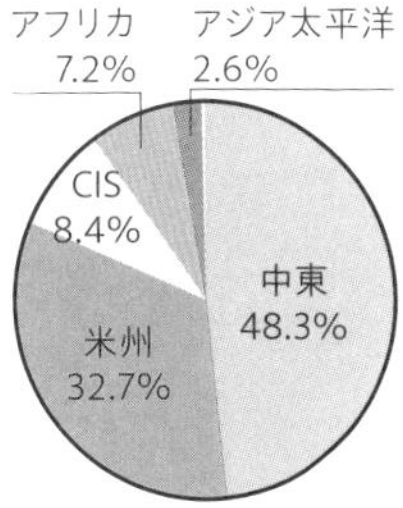

出典：経済産業省「令和3年度エネルギーに関する年次報告（エネルギー白書2022）」

対立レイヤー 3

2000年以上続く根深い対立も宗教・民族問題

アイデンティティを大義に政治・経済対立となる

宗教対立に見えて、実は多くの紛争の直接の引き金は宗教・民族の違いによるアイデンティティにはなく、領土を含む経済的、政治的な権力をめぐる争い。大国同士の代理戦争となることも少なくありません。

中東・アフリカの混乱は欧州にも責任あり

中東・アフリカ・南アジアなどでは、宗教・民族問題がきっかけで地域情勢が混迷を極めます。パレスチナ・ガザ地区危機以外にも、イスラム教シーア派とスンニ派の対立を発端としたシリア内戦、東西に分裂して争うリビア内戦など、出口が見えない紛争が続いています。解決が難しい理由は、**政治・経済的な対立が深くかかわり、そこに諸外国の思惑が絡んで構造が複雑化するため**です。これにはかつて同地の宗主国だった**欧州諸国が人工的に国土を分割した歴史も原因**となっています。

世界の宗教を見ると、一神教がより過激化しやすく、争いにつながりがちと言えます。

キリスト誕生まで遡るパレスチナ問題

（P136）

同じ宗教内でも対立がシリア内戦

事例

シリア内戦はイスラム教シーア派のアサド政権が多数のスンニ派を支配する構図が、民主化運動に発展。スンニ派はサウジアラビアや欧米の支援を、アサド政権はロシアの支援を受け代理戦争化。

対立レイヤー

番外編

細かいことだけど実は超重要！ 世界の武器規格問題

冷戦時の対立構造をそのまま踏襲

実は、世界の武器の規格は大きく2つに分かれています。**ひとつは西側諸国が使用するNATOの規格で、もうひとつは旧ソ連製の規格**です。

この違いは世界の対立構造と無関係ではありません。銃や戦車の規格に合わせて使用

規格が異なると弾が使用できない！

NATO規格と旧ソ連規格で主な野戦砲弾の口径を比べてみましょう。1ミリの違いでも異なる弾は使用できません。

主な野戦砲弾の口径

規格	口径
NATO規格	105㎜／155㎜
旧ソ連規格	122㎜／152㎜

事例 1

備品不足に悩むロシアへ武器供与を行っているのは、同じ旧ソ連規格の武器を使用する北朝鮮。北朝鮮はその見返りに技術的な支援を得ているという見方もあります。

事例2

旧ソ連国家だったウクライナは、もともと旧ソ連規格の武器を使用していました。ロシアと対立した現在、西側諸国から多くのNATO規格の武器供与を得て規格が混在。

する弾薬はもちろん、運用マニュアル、部品交換やシステムのアップデートなどメンテナンスもかかわるため、武器規格は統一した方がメリットは大きいのです。そのため**必然的にその提供元となる国とのつながりは強くなります**。西側諸国の米国、欧州、日本、韓国などはＮＡＴＯ規格、東側諸国のロシア、中国、北朝鮮などは旧ソ連規格となり、**武器規格レイヤーでは冷戦時の対立構造がそのまま生きています**。ただし、発展途上国など過渡期にある国では規格が混在する場合もあります。

衝突の事例

1

アメリカ・韓国 vs 中国・北朝鮮

実はいまだ継続中の朝鮮戦争 北朝鮮の臨戦態勢は変わらず

関連する勢力図

- 経済協力
- エネルギー
- 宗教・民族
- 武器規格

の流れ

1

第二次世界大戦後

朝鮮半島の北を旧ソ連、南を米が占領下に

大戦中に共産主義の旧ソ連、資本主義の米国との間で北緯 38 度を境に朝鮮半島を南北に分割して統治することが決定されます。

2

1950年

北朝鮮が南進
朝鮮戦争勃発

旧ソ連と中国の後ろ盾をとりつけた北朝鮮が、38 度線を超えて南進。米国が中心の国連軍と衝突し、朝鮮戦争へ突入します。

4 ［現在］

中国を後ろ盾にした北朝鮮vs国連軍（米軍）に頼る韓国

38度線南北にDMZ（P94）が設けられ、国際法上は現在もなお戦争継続中。北朝鮮は中国・ロシアとの結びつきを後ろ盾にしつつ、臨戦態勢で国際秩序を乱し続けています。現在も駐留する米軍が大きな抑止力に。

朝鮮戦争

3

国連軍と北朝鮮の間で休戦協定

1953年にソ連を指揮したスターリンが死去し、戦争継続派がトーンダウン。その後北朝鮮&中国側と国連軍の間で休戦協定が結ばれます。ちなみに、韓国は協定への調印を拒否しています。

解説

朝鮮半島が経済協力問題で対立する米中の最前線に!?

米国vs旧ソ連から米国vs中国の構図へ

資本主義勢力 vs 社会主義勢力の対立を発端に、現在は米国 vs 中国の経済覇権の争いに。そこに韓国の複雑な民族意識が絡みます。

現在は中国と手を組む北朝鮮

朝鮮戦争の発端はイデオロギーによる冷戦構造が原因でしたが、現在の様相は異なります。旧ソ連の崩壊とともに北朝鮮は大きな後ろ盾のひとつを失いました。代わりに圧倒的な経済力を備えて中国が台頭。米国を抑えて太平洋進出を図ろうとする中国の思惑が、国際社会をかき乱させ、自国への支援を取り付けようとする北朝鮮の思惑と一部合致。中国は北朝鮮を米国へのけん制にも活用しています。

［ 韓国の思惑 ］

宗教・民族

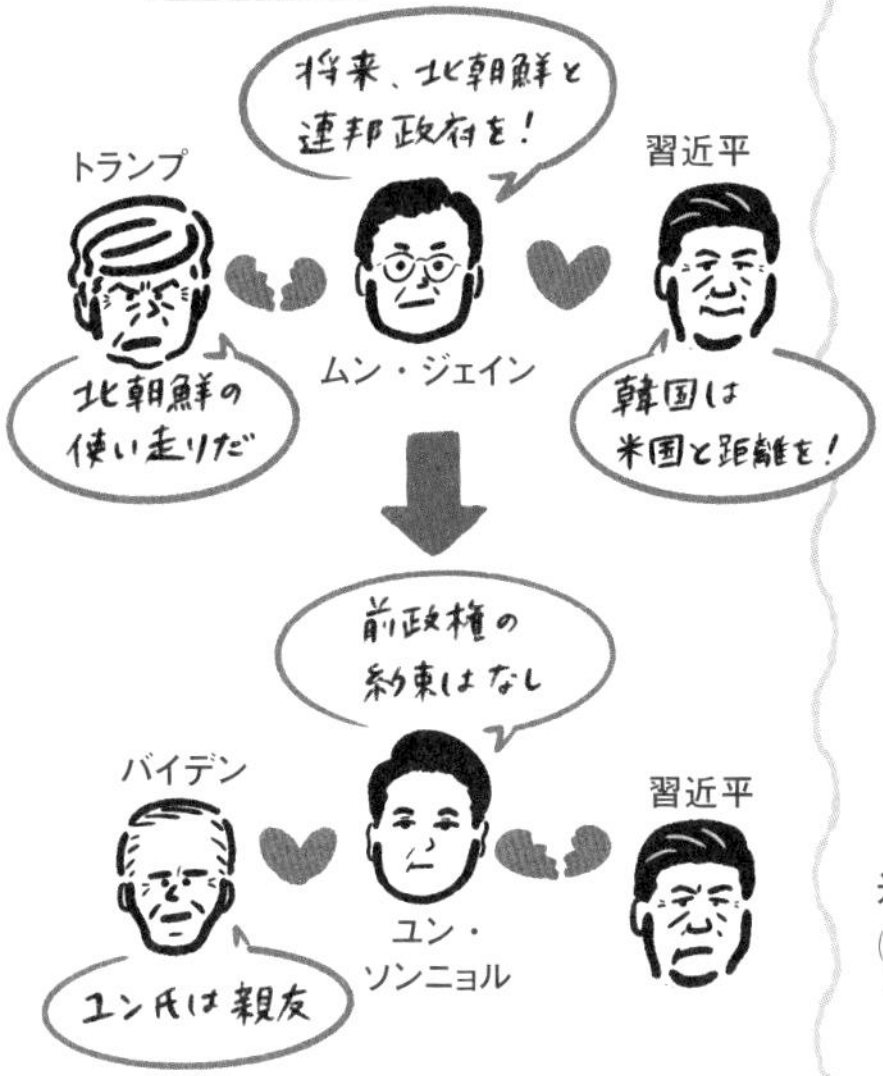

政権で変わる韓国の対北政策

2045年までに南北統一を目指す「連邦国家構想」をぶち上げたムン前大統領。経済面では中国を頼り、トランプ政権の神経を逆なで。ユン政権はその政策を一転しました。

［ 米中の思惑 ］

経済協力

脱中国依存の米国貿易摩擦エスカレート

対中国で貿易赤字が拡大する米国は、トランプ政権時に中国からの輸入品にかかる関税の大幅な引き上げを決定。中国も米製品に多額の関税をかけ反撃中です。

米国の対中貿易赤字の推移

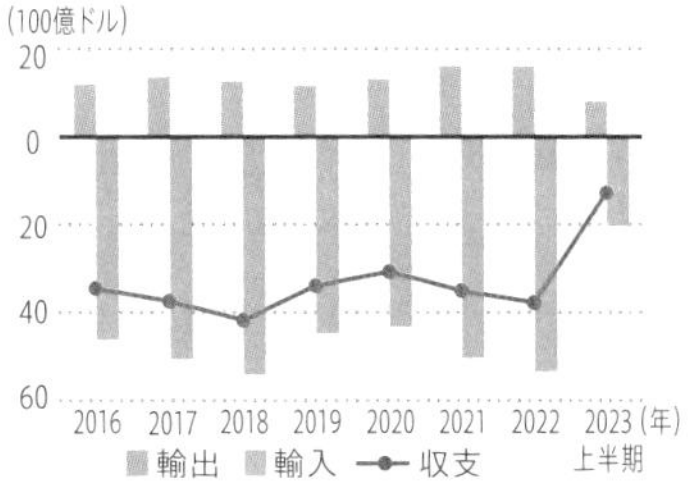

出典：一般財団法人国際貿易投資研究所「国際貿易と投資」

一方、**米国は経済面で脱中国化を図る動きに。**両国の対立は今後さらに激しさを増すとみられ、朝鮮半島がその前線となることが懸念されます。

同じ民族同士の争いという複雑な背景の影響もあります。**韓国は、政権によって対北政策、対米姿勢が変化するバランス外交を続けてきました。**前政権は、南北統一実現へ向けて北朝鮮・中国寄りの発言を繰り返し、米国との距離が開きましたが、2022年の政権交代で路線を一転。親米路線となり、北朝鮮、中国とは関係が冷え込んでいます。

衝突の事例 2

欧州VSロシア

旧ソ連（ロシア）への対抗で設立された北大西洋条約機構（NATO）

関連する勢力図

- 経済協力
- エネルギー
- 宗教・民族
- 武器規格

勢力

NATO勢力が東側へ勢力を拡大中!

冷戦後には旧ソ連だった東側諸国も多数加わり、その境界線がロシア領へどんどん接近。ロシアはバッファゾーンがなくなることを恐れています。

NATOの自国領接近を恐れるロシア

欧州軍事同盟NATOの成り立ち

①第二次世界大戦後

西側でNATOが、東側でワルシャワ条約機構が結成される

西側=資本主義勢力

北大西洋条約機構（NATO）

アイスランド、アメリカ、イタリア、イギリス、オランダ、カナダ、デンマーク、ノルウェー、フランス、ベルギー、ポルトガル、ルクセンブルク

NATOは第二次世界大戦後の1949年に旧ソ連をはじめとする東側勢力への対抗として結成されました。その目的は、国連でも認められている集団的自衛権の行使にあります。

拡大するNATO

東側＝社会主義勢力

（最初の加盟国12ヵ国）
ワルシャワ条約機構
旧ソ連、ポーランド、東ドイツ、ハンガリー、ルーマニア、ブルガリア、アルバニア、チェコスロヴァキア

②冷戦終結
旧ソ連崩壊によりNATOが東側へ勢力拡大。ワルシャワ条約機構は冷戦終結後の1991年に廃止

③現在
NATO加盟国32ヵ国へ。ロシアは東方拡大阻止のために旧ソ連国家へ圧を強める

解説

一枚岩とはいかないNATO ロシアにエネルギー依存を続ける国も

エネルギー、経済依存を続けた国は対ロシアで消極的

ロシアはエネルギー供給停止をちらつかせ揺さぶりをかけましたが、その後ドイツは新たな供給先を模索。一方、ハンガリーは親ロ姿勢を明らかにし、依存を続ける道をとりました。

ロシア、ウクライナ双方と貿易や観光でつながりの深いトルコ。エルドアン大統領はプーチン大統領と腹を割って話せる数少ないNATO側の人物です。

燃料と経済を握られた国もあり協調できず

NATO内でも思惑はさまざまです。その理由のひとつが、エネルギー問題。ウクライナ侵攻ではNATOの**一部の国がロシアへのエネルギー依存度が高いため、同国への強い制裁を支持できず足並みが乱れました。**

同じNATO内に親ロ派の存在も。例えばトルコはロシアとの貿易が盛んで輸出入先として大きく依存しています。またNATOとは別に経済的に連携する「EU」とは、思惑に相違もあります。欧州勢力は一部経済協力レイヤーもロシアに押さえられているという状況です。

エネルギー獲得競争はアフリカ、東南アジアへ

欧州は脱ロシア後のエネルギーをまかなう先を模索。その候補となるのは、アフリカや東南アジアです。エネルギー問題レイヤーの構造が変わる可能性があります。

衝突の事例

3

インドVS中国・パキスタン

カシミール地方をめぐる宗教対立 中国も絡み長期戦へ突入

1

もとは英領インド帝国

ひとつの国だった印パ（&バングラディシュ）

インド、パキスタン、バングラディシュ、そしてミャンマーは、1858年～1947年イギリスの植民地「英領インド帝国」として、ひとつの国でした。

・パキスタン

争い

2

第二次世界大戦後

民族運動が盛り上がり独立

マハトマ・ガンジーで有名な民族運動が起こり、イギリスから独立。ヒンドゥー教徒が多勢のインドとは別に、イスラム教徒による宗教国家としてパキスタンと東パキスタンが誕生。

関連する勢力図

経済協力

エネルギー

宗教・民族

武器規格

［現在］

4

中国とインド間で国境紛争 現在もこぜり合いが続く

中国がチベットを併合したことをきっかけにインドと国境紛争が発生。近年インド、中国の大規模な衝突はないものの、中国、パキスタンが手を結んだことで、にらみ合いが続きます。

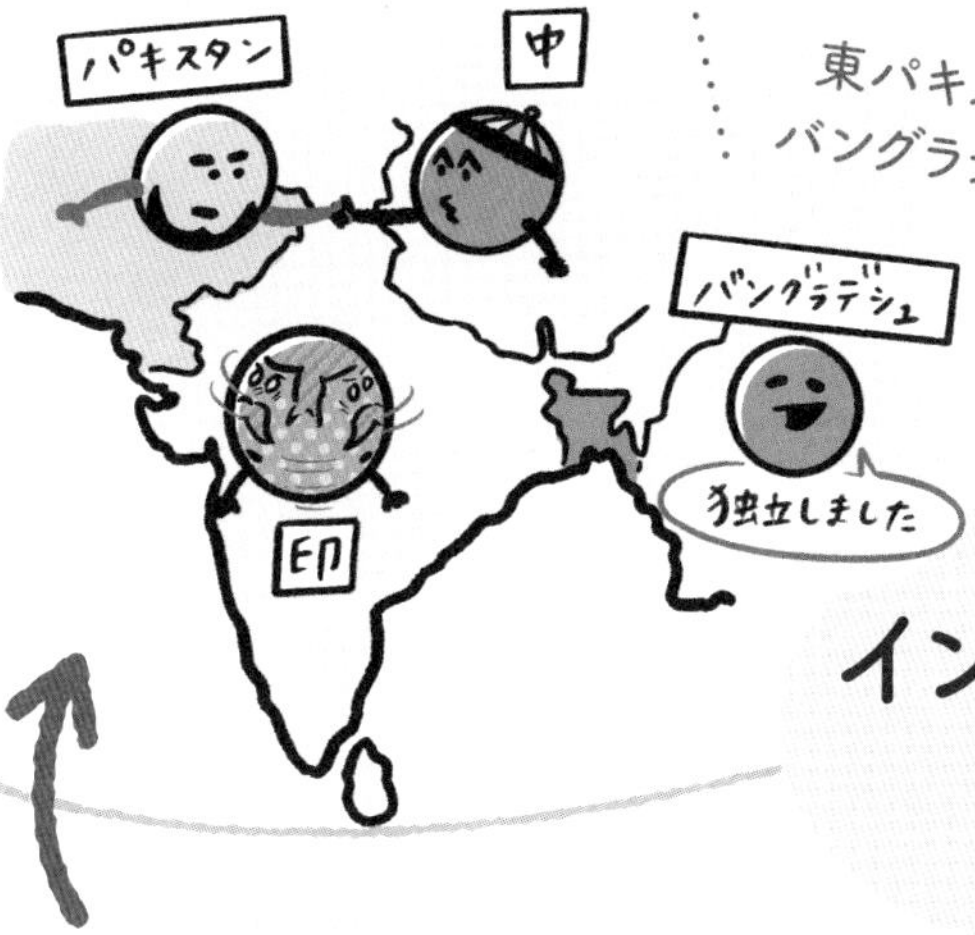

インドvs中国の勢力

3

カシミール地方や東パキスタンをめぐり3度の印パ戦争

宗教の対立により、インド独立時に問題になったのが、カシミール地方と東パキスタンの帰属です。同地をめぐり、3度の印パ戦争が繰り返されます。

解説

もともとは宗教問題 現在は経済問題も絡み複雑化

インドとパキスタンの争いに参戦する中国

宗教対立に起因するインドとパキスタンの争いでしたが、中国が民族・経済問題を持ち込み複雑化。軍事大国となった両国の衝突も懸念されます。

印vsパの対立

インドの大部分がヒンドゥー教徒であるのに対し、パキスタンはイスラム教国家。カシミール地方の住民の多くはイスラム教徒だったためインドへの帰属に反対し、暴動に。

宗教

インド ヒンドゥー教徒	パキスタン イスラム教徒
79.8%	96.5%

中国&パキスタンがインド包囲網形成

カシミール地方の帰属問題で勃発した第一次、第二次印パ戦争、東パキスタンの独立をめぐり起きた第三次印パ戦争によって、インドとパキスタンは犬猿の仲に。そこに絡むのが中国です。中国のチベット併合時にダライ＝ラマ14世がインドに亡命し、両国関係が急速に悪化。１９６２年には大規模な国境紛争が起こります。軍備増強を続けた**インドは１９７４年に世界６番目の核保有国となります。**

印VS中パの対立

宗教　民族　経済協力

中パの包囲網に インドは独自外交で対抗

パキスタンの港湾を借り上げ、インドを取り囲む形でのシーレーン確保を進める中国。これに対しインドは米国や日本と手を結び海洋進出で対抗。

インドの思惑

インドは日米豪印戦略対話「QUAD」に参画しつつ、一方でロシア、中国など新興５ヵ国による「BRICS」にも参加する独自外交で、利益を最大化する狙いです。

印VS中の対立

宗教　民族

中国・インドの対立は チベット問題も一因に

「宗教は毒」とした毛沢東の思想に加え、豊かな資源で中国の標的となったチベット。1951年に中国が一方的に併合しダライ=ラマ14世がインドに亡命すると、インド・中国の関係が悪化。

インド・中国の対立はチベット問題も一因

インド、中国は一時国交断絶となりましたが、１９７６年に関係を回復。しかし**中国がパキスタンと経済的な結びつきを強め、インド包囲網を固め**るなか、再びの対立が懸念されます。

Defense of each country
Column 04

日本の武器産業は縮小傾向に…防衛力＝武器・装備品を確保するには

日本の武器や装備品は、どのように調達しているのでしょうか。自衛隊の武器・装備品には、国産と外国製のものがありますが、外国製の多くは日本国内でライセンス生産されています。

ただ欧米諸国では武器産業部門をメインとする企業も少なくないなか、**日本国内では同部門のある企業が限られる上、部門の売り上げは全体に対してわずかに留まります**。これには、さまざまな要因がありますが、**武器輸出の問題も絡みます**。

日本は1967年に佐藤栄作内閣が表明した「武器輸出三原則」と、1976年に三木武夫内閣が定めた「武器輸出に関する政府統一見解」により、武器輸出には極めて慎重でした。そのため国内の防衛企業の納入先は基本的に自衛隊のみとなっていました。また契約後の材料費上昇などで利益が目減りする上に、価格上昇で調達量が減らされることも少なくありません。それらが理由となり、近年では防衛産業から撤退する企業も相次いでいます。

武器や装備品は、いわば国の防衛力そのものです。国内の防衛産業の縮小は国の安全保障のリスクに直結します。その現状を打開すべく、**2023年6月に防衛産業の拡大を目指し、「防衛生産基盤強化法」が成立**。2014年に定められた装備品の輸出の例外を認める方針を定めた「防衛装備移転三原則」と合わせ、国内の基盤強化を急いでいます。

Chapter 4

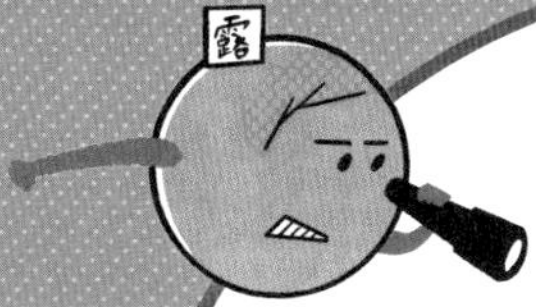

事例で見る各国の背景と防衛

注目を集める2022年ウクライナ侵攻、2023年パレスチナ・ガザ地区危機以外にも、世界では現在進行形でさまざまな紛争が起こっています。背景を紐解くと、紛争にたどり着くまでの各国の防衛の複雑な要因や背景が見えてきます。

Defense of each country

ウクライナやイスラエル・ガザだけじゃない

現在進行形の紛争地帯
紛争の火種を抱える地帯

紛争	広い意味での争い全般。国家同士の大規模な争いから個人レベルのものまでを含む。
戦争	国家間同士の争い。
内戦	国内の争い。
有事	通常と異なる事態や武力に訴える事変。
侵攻	他の領土に武力で攻め入り、侵すこと。

国家間戦争、内戦、2000年代に顕著になったテロ活動など世界の紛争の形は多彩！

事例②

イスラエル・ガザ地区危機

2023年に武装組織ハマスのイスラエルへのテロ攻撃をきっかけに報復合戦へ。多数の市民が犠牲に。

▶P134

事例①

ウクライナ侵攻

クリミア半島をめぐり対立するロシアが、2022年に隣国ウクライナに軍事侵攻。

▶P124

事例③

台湾有事

中国が自国領を主張する台湾、南シナ海への軍事的圧力を増強。武力衝突が懸念される。

▶P140

2011年〜

シリア内戦

アラブの民主化運動から内戦に。ロシア・イランvs欧米諸国の代理戦争へ突入。

2001年〜

アフガニスタン紛争

9.11テロから多国籍軍がタリバン政権を攻撃。2021年の米軍撤退を機に再び混乱。

2015年〜

イエメン危機

イランが支援する反政府武装組織フーシ派が首都制圧。イランvsサウジアラビアの代理戦争へ。

1991年〜

ソマリア内戦

内戦から国内が分裂。イスラム系過激派組織がテロを繰り返し、海賊がはびこる無法地帯に。

事例④

印パ戦争

独立以降カシミール地方をめぐり衝突が繰り返されており、2020年も銃撃戦が発生。

▶P116

1948年〜

ミャンマー内戦

軍のクーデターで混乱。さらにロヒンギャ族へのジェノサイドが起こり、難民問題に。

紛争の事例 1

プーチン大統領の思惑が外れた2022年ウクライナ侵攻

ウクライナ侵攻のロシアの思惑

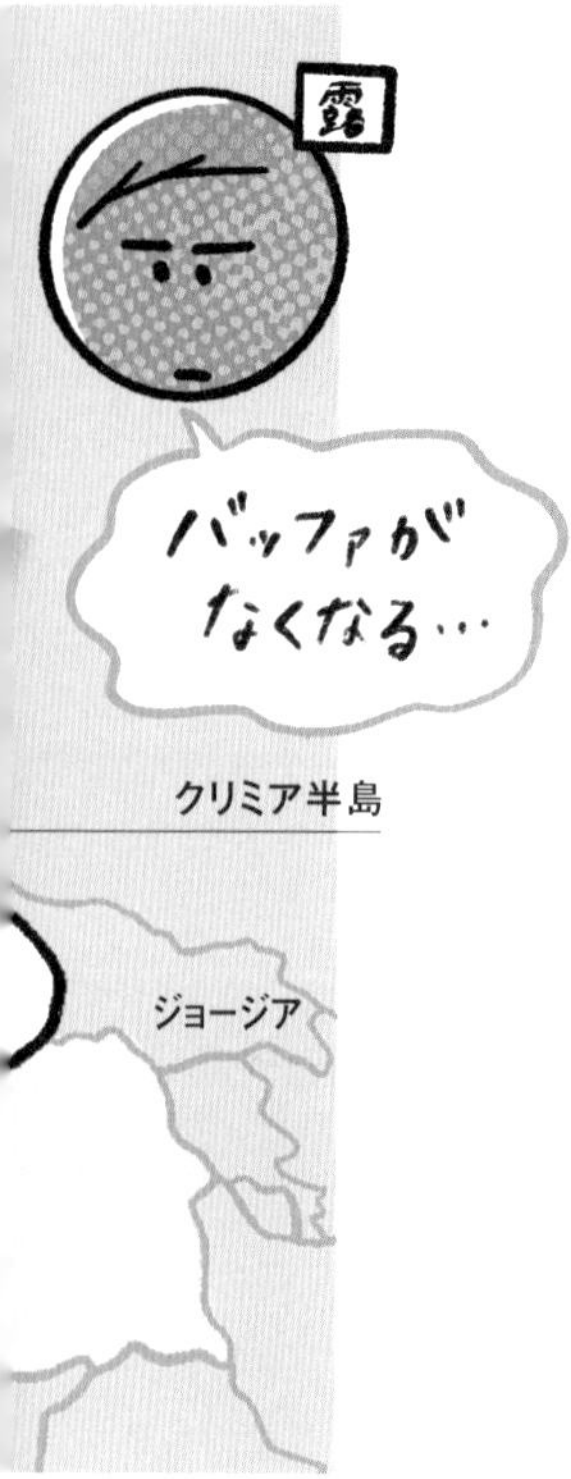

思惑 1

2014年にクリミア“併合”が成功した実績

不凍港のクリミア半島を掌握したことにより、ロシア海軍が黒海ルートを自由に使えるように。その成果がさらなる拡大を目指す後押しとなりました。

親ロシアの土壌が“併合”の背景に

旧ソ連国家のウクライナはロシアと民族、宗教、言語的に近しく価値観を共有しやすい間柄。特に東部はロシア系住民が多く、親ロシアの土壌だったため“併合”がロシア有利に。

ウクライナ侵攻までの道のり

2005年の民主化運動でウが親米路線に。2014年にウの親ロ政権が崩壊

ロシアがクリミアに侵攻し、一方的に〝併合〟。ロシアの支援を受ける親ロ武装組織がウ政府軍と衝突

一時的に完全停戦

2022年再び大規模戦争へ

思惑 2

NATOとのバッファ維持!

かつての旧ソ連国家も次々にNATO入りし、近辺を取り囲まれる形に。そのはざまにあるウクライナは何としてもロシア側につけておきたいという思惑が。

思惑が外れた理由

認知戦でウクライナが勝る

ウクライナ側が情報に接した人の心理に働きかける認知戦に成功。各国のウクライナ支援により、侵攻当初、ロシアは苦戦を強いられました（P130）。

長期戦となり国内が疲弊

短期間で傀儡政権樹立を目指したものの失敗し、装備品の不足や軍の士気低下などロシア国内が疲弊。しかし長期戦となり、国力で劣るウクライナも苦境に。

FOCUS

1

ロシアの脅威を世界中が再認識 NATO勢力vsロシア勢力の構図再び？

ロシア勢力

ロシア下の中央アジア諸国は、ロシア南進の５大ルートが通る要所（P83）。侵攻の最中でも、プーチン自らSCO、CIS各会議に出席し、警戒を怠りませんでした。

中央アジア

カザフスタン、キルギス、ウズベキスタン、タジキスタン、トルクメニスタンの５ヵ国を指す。地政学ではハートランドとも呼ばれるエリアで要所とされる。

各国の思惑で泥沼化 想定外の長期戦に

一時期は経済を重視し、NATO勢力に歩みよりを見せていたプーチン政権。しかし、米国がロシアをにらみ東欧にミサイル防衛システムを構築していることなどが原因となり、関係が悪化。さらに2014年のロシアによるクリミア〝併合〟時に西側諸国がウクライナ支援に回ったことで、対立は決定的なものとなりました。**西側諸国に対し、ロシアは旧ソ連国家を中心に同盟によって関係を強化。**中国と

NATO勢力

NATOがロシアと完全に対立ができない理由は、一部経済的に依存せざるを得ないという複雑な関係に加え、ロシアvs欧州の全面戦争となることは避けたいからです。

ウクライナの加盟に賛否がわかれるNATO

ウクライナ支援で岐路に立つ米国

NATOに入りたいウクライナ

長引く戦況に、米国の世論はウクライナへの追加支援に消極的に。米大統領選もあり、民主党、共和党ともに国内問題を重視する傾向にあります。

も「上海条約機構（SCO）」を構築し、NATO勢力への対抗を示しています。

2022年に侵攻がはじまった当初から、米国を含むNATO側はウクライナ支援の立場です。しかしNATOに加盟し、NATO対ロシアの構図に持ち込みたいウクライナの思惑に対し、トルコやハンガリーなどNATOの一部は慎重です。**米国内からは長引く戦況からウクライナへの支援はやめるべきという世論も噴出**。侵攻当初の熱が冷めつつあるなか、終結はいまだ見えていません。

FOCUS

2

傭兵の新形態！ 新しい危機管理の形・民間軍事会社

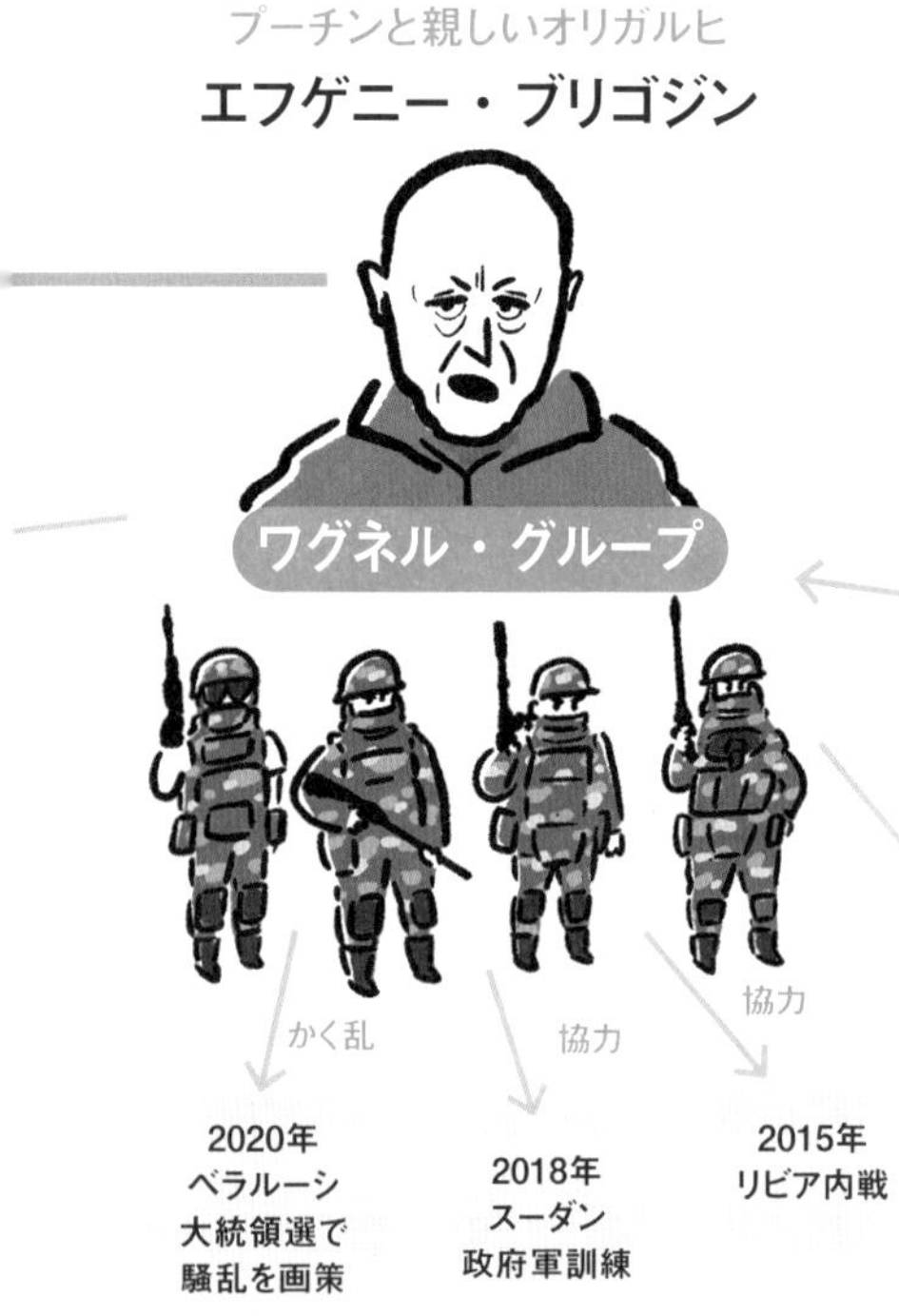

米国から国際犯罪組織に認定される民間軍事会社ワグネル

プーチン大統領と親しいオリガルヒ（新興財閥）が実質的なトップとなる民間軍事会社。2014 年のクリミア併合時に設立され、米国からは重要国際犯罪組織に認定されています。

プーチンがロシア軍ではなく民間を頼った理由は？

理由 1　正規軍への汚名を避ける

国の正規軍がウクライナの要職者を暗殺したということになれば、国際社会から非難を浴びることは必至。それを避ける目的があったと見られます。

理由 2　豊富な経験値を活用

ロシアの PMC の源流は、元旧ソ連軍人。難易度の高い暗殺計画や実践に、その豊富な経験を活かそうとしたと考えられます。

世界で活動！大統領暗殺計画も

ウクライナ侵攻で話題となったのが、民間軍事会社（PMC）「ワグネル・グループ」の存在です。**侵攻開始直前には同社によるゼレンスキー大統領と要職者20数名の暗殺が企てられていたことが明らかにされています。**作戦を取り仕切ったのがロシア軍ではなく一民間企業であったことが、国際社会へ大きな衝撃を与えました。

西欧諸国でも「民間軍事警備会社（PMSC）」の形態で巨大企業が生まれています。多くは危機管理コンサルティング企業として活動し、日本に支部を置く企業もあります。

侵攻開始直前に傀儡政権の樹立を目的に、ウクライナ要職者の暗殺を計画するも失敗。長期戦に突入。

TOPIC

西側諸国では危機管理コンサルティングを行うPMSCが主流

西側諸国では危機管理コンサルティングが注目されます。公的イベントの警備、紛争地帯からの退避、海賊からの護衛など幅広く手がけています。

危機管理コンサルの活動例

FOCUS

3

世界的企業がロシアから撤退!
SNS時代の経済制裁に?

認知戦で
ウクライナがリード

当初、圧倒的劣勢と思われた戦況を持ちこたえたウクライナ。その理由には同国の巧みな認知戦がありました。

戦略 1

アイコンとなったのが元コメディアンのゼレンスキー大統領です。カーキのTシャツに髭のスタイルで、SNSから情報発信を繰り返し、国際世論を味方につけることに成功。

戦略 2

ウクライナの調査会社がロシアで事業を続ける会社をリスト化し、「侵攻の国際的なスポンサー」と名指しで発表するなどしています。

ロシアは悪!
即対応したグローバル企業

マクドナルド、スターバックスなどがロシアから事業撤退。マイクロソフトやアップルも製品販売を停止し、メタはフェイスブックへのロシアからのアクセスを規制するなどしています。

ブランドイメージを見据えた企業の戦い

ロシアによるウクライナ侵攻に対し、西側諸国の各国政府による制裁に加え、グローバル企業の対応も見逃せません。**「ロシア＝悪、ウクライナ＝善」として形成されていった**世論を踏まえ、ブランドイメージを優先するグローバル企業の多くがロシア事業から撤退。２０２４年２月までで、撤退企業は３５０社にも上るという調査もあります。

ＳＮＳでの情報の影響力が、企業を大きく動かしたという点で、これまでにない戦い方のひとつと言えます。

ロシアの外国企業の動き
（2023年6月時点）

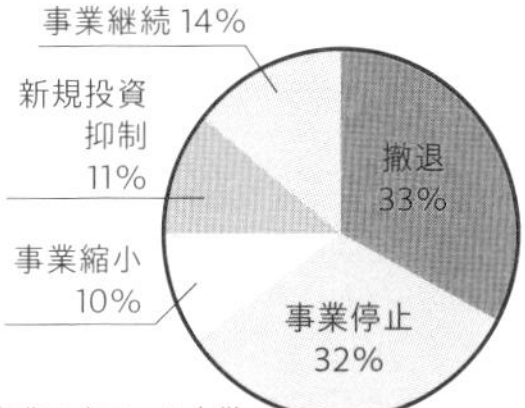

出典：米エール大学

ロシアは事業売却のハードルを上げ対抗

外国企業の事業売却に対し、売却価格を評価額の半分以下に引き下げ、さらに売却資金の10%請求するなどし、企業撤退のハードルを上げて対抗中です。

FOCUS

4

段ボール製も登場！ウクライナの善戦の影に無人機の活躍あり！

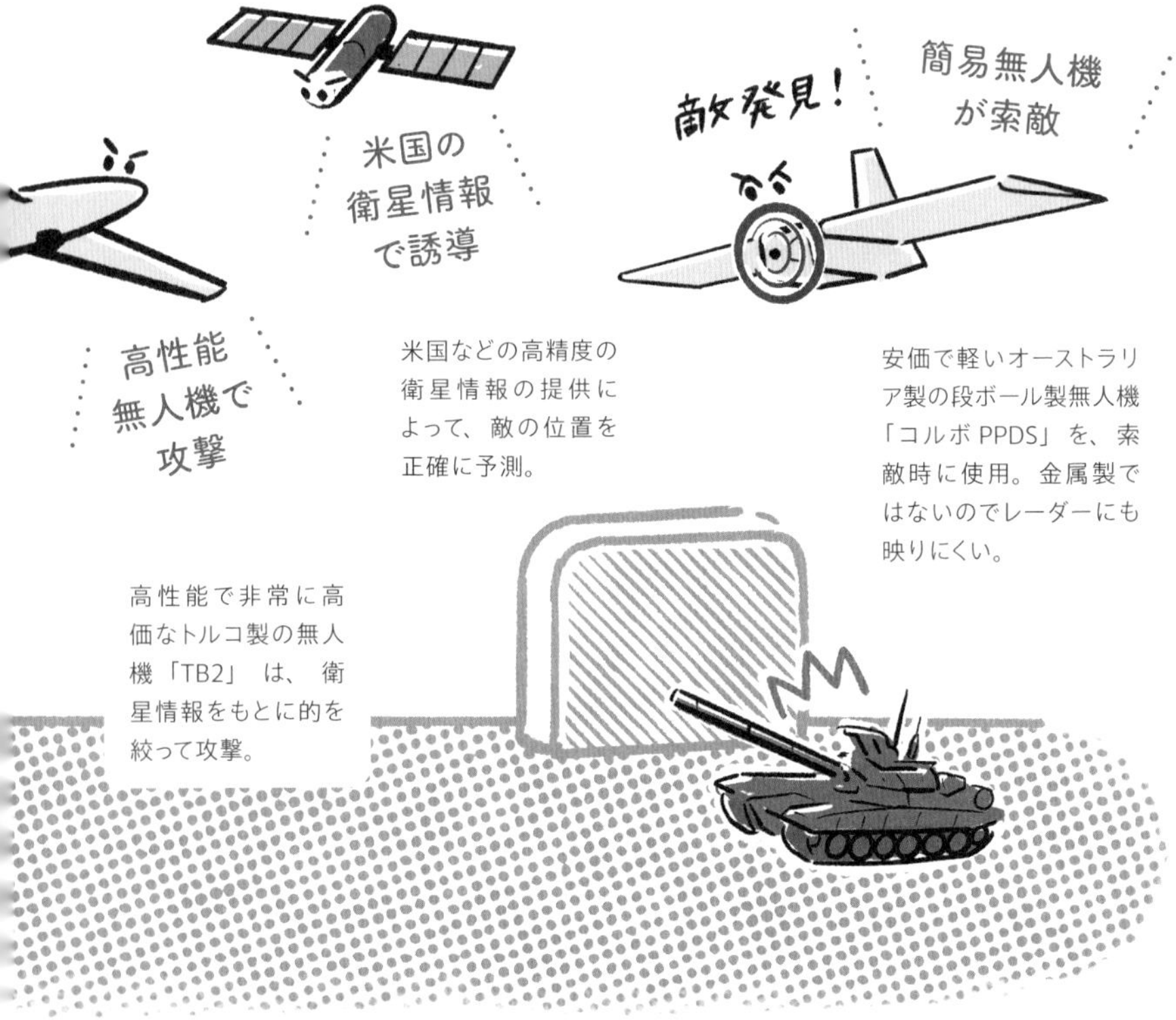

索敵と攻撃で無人機を使い分け

ウクライナは段ボール製無人機やラジコン型無人機など“使い捨て”の無人機で索敵し、敵の位置情報がわかったところで軍用無人機が攻撃することで戦果をあげています。

戦場の様相が一変 無人機が大活躍

これまでの紛争以上に「無人機」の活躍が見られたのも、ウクライナ侵攻の特徴です。**高い性能を誇る軍用機から、段ボール製の簡易的なものまでバラエティに富む無人機が活用**され、戦場の光景を一変させました。無人機の戦いで優位に立ったのはウクライナです。西側諸国の協力を得て、**使用する無人機自体はもちろん、機体を操作するための戦術情報の領域でもリード**しています。

一方、ロシア軍は米国などが支援するウクライナの電波妨害により無人機戦に苦戦する様子が見られました。

ロシアの無人機は米国が支援する電波妨害でかく乱されている。

打つ手なし!? 数で勝負のスウォーム攻撃

多数の無人機で一気に攻撃を仕掛けるスウォーム攻撃。2019 年にはサウジアラビアの石油精製施設を 18 機の無人機が襲い、防空システムをすり抜けて攻撃に成功した例も。これにより日本の 1 日の輸入量の 2 倍相当の石油生産が一時的に止まりました。

無人機への対応手段

手段	方法
網による捕獲	回転翼などに網を絡ませ墜落させる
物理的攻撃	機銃・ミサイルで撃墜
電波妨害	電波で操作を妨害
サイバー攻撃	無人機や制御システムへの妨害·破壊
高出力レーザー	レーザーエネルギーにより破壊
高出力マイクロ波	無人機内部の電子基板を損傷させる

出典：『防衛技術ジャーナル 2023 年 2 月』

紛争の事例 2

やり過ぎのイスラエルに避難轟々

2023年イスラエル・ガザ地区危機

そもそもパレスチナとは

1

現在の名前は パレスチナ暫定自治政府

アラブ人が住んでいた土地にユダヤ人が入植し、イスラエルを建国。アラブ人の土地は国とは認められない暫定自治政府に。ガザ地区とヨルダン川西岸地区2つの地区の総称が「パレスチナ暫定自治区」です。

2

わずかな土地へ イスラエル人の入植活動増加

特にヨルダン川西岸地区へイスラエル人の入植が増加し、アラブ人はさらに土地を奪われます。その抵抗としてイスラム過激派が武装組織化し、テロ行為を繰り返します。

「パレスチナ」とはもともとは土地の名前。域内にキリスト教、ユダヤ教、イスラム教の聖地エルサレムがある。

4

2023年

ハマスがイスラエルへ大規模テロ攻撃

追い詰められた武装勢力ハマスが、イスラエルへ大規模なテロ攻撃を仕掛けます。イスラエルはこの機に乗じてパレスチナを徹底的に叩きたい構えです。

ハマス
（南部）

極右のイスラエル首相
ネタニヤフ

3

イスラエルで極右政権誕生 アラブ諸国が同国に接近

イスラエルで極右政権が誕生し、パレスチナへの圧力を強めます。さらにパレスチナの後ろ盾だったアラブ諸国が、イスラエルと国交を結ぶ流れに。

最近イスラエルと
国交を結んだ
アラブ諸国
（元はパレスチナの味方）

FOCUS

1

根深い宗教対立の歴史 実は西欧諸国の密約が根源!?

[パレスチナの歴史]

1

イギリスがユダヤ人と密約を結ぶ

第一次世界大戦でユダヤ人の支援を目当てにイギリスがパレスチナに建国を約束。しかしイギリスはこのときすでにアラブ人、フランス&ロシアとも密約を交わしていました。

2

現地のアラブ人と対立!

約束通り入植したユダヤ人を待っていたのは、アラブ人との対立でした。

イギリスの三枚舌外交

ユダヤ人と バルフォア宣言

パレスチナにユダヤ国家の建国を約束

アラブ人と フセイン=マクマホン協定

旧トルコ領にアラブ人国家の建設を約束

仏ロと サイクス・ピコ協定

旧トルコ領を自分たちで分割

土地をめぐる譲れない戦いの歴史

2000年前のパレスチナにはもともとユダヤ人の国がありましたが、支配していたローマ帝国に攻め込まれ、崩壊。**逃れた先の欧州などでは、宗教上の対立から厳しい迫害に合います**。その後、第一次世界大戦で金融業を足掛かりに力をつけたユダヤ人の支援を目当てに、イギリスが国家建設を約束。しかし同国はアラブ側にも同じ約束をしており、ユダヤ人とアラブ人の対立につながります。

3 国連が分割するも…納得いかないアラブ勢

国連がパレスチナを分割し、イスラエルの建国を認めます。しかし人口が1/3未満のユダヤ人に60%近くの土地が与えられることになり、パレスチナ&アラブ諸国が激怒。

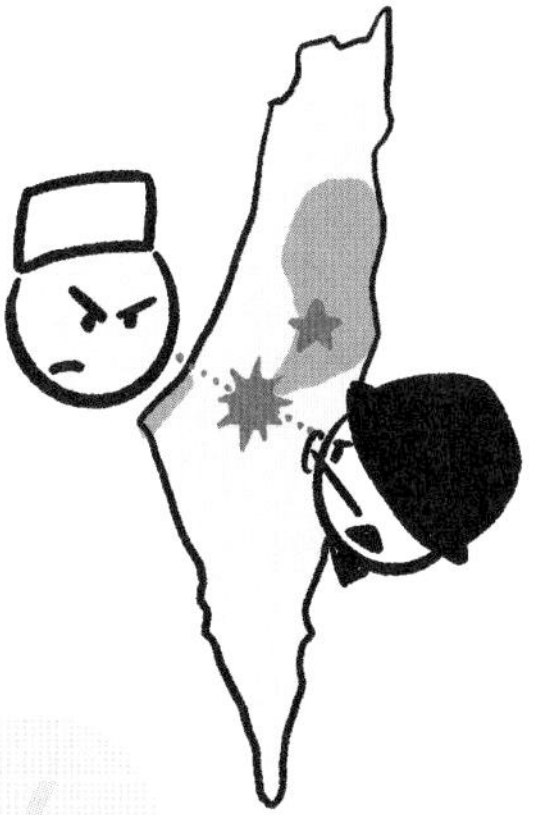

4 中東戦争を繰り返す

アラブ諸国を巻き込み、パレスチナ側とイスラエルの間で4回にわたり、中東戦争勃発。

しかし双方納得せず…

テロ行為 VS 報復攻撃の連鎖へ

パレスチナ解放機構（PLO）誕生

周辺のアラブ諸国によるパレスチナを支援する組織「パレスチナ解放機構（PLO）」が、イスラエルに対する武装活動を行うように。

「オスロ合意」へ

米国、ノルウェーの仲介で1993年に和平交渉の合意へ。現在のガザ地区、ヨルダン川西岸地区によるパレスチナ暫定自治政府が誕生。

FOCUS

2

親イスラエルなアメリカも情報戦で分断の危機に

米国とイスラエルの関係

関係 1

ユダヤ系によるロビー活動で政党に強い影響力が

ユダヤ資本は米国の民主党、共和党双方の大事な政治資金の提供元に。また芸能界、メディア業界、IT 業界、金融界などで活躍するユダヤ系米国人の影響力も見逃せません。

活躍する米国のユダヤ系著名人の例

メディア業界	マイケル・ブルームバーグ（ブルームバーグ創始者）
芸能界	スティーヴン・スピルバーグ（映画監督）
IT業界	ラリー・ペイジ（Googleの共同創業者）

関係 2

露骨な親イスラエル姿勢で追い込んだトランプ政権

2018 年、トランプ政権はイスラエルの米大使館を聖地エルサレムに移設。エルサレムがイスラエルのものであることを米国が認める形となり、アラブ諸国に激震が走りました。

親イスラエルの米国 近年風向きが変化

これまで明確にイスラエル支援の立場をとってきた米国。その理由のうち特に大きいのが**ユダヤ系ロビー団体の存在**です。かつて迫害により米国に移住したユダヤ人は、その資本と影響力を武器に、政界へのロビー活動に注力。結果、**米国の2大政党どちらもユダヤ系と強いつながりを持つようになります**。

しかし、2023年にガザ地区で起きた衝突で風向きが変わりました。これにはSNSでの情報拡散が強く影響していると考えられ、現代の紛争における情報戦の重要性がうかがえます。

しかし…

若年層を中心に イスラエル批判が高まる

現地の悲惨な状況は、SNSに親しむ若年層に影響し、イスラエルを是とするバイデン政権を非難する向きに。世論を2分する構造となっています。

「イスラエル離れ」進む?

世論に加え、シェール革命で石油を中東に頼る必要が低下しています。相乗効果で米国のイスラエル離れにつながる可能性も否定できません。

紛争の事例 3

太平洋最大の懸念…中国が攻勢を強める 台湾有事と南シナ海問題

中国が絡む問題①

台湾有事

「中国代表」を争い 長らく緊張状態に

共産主義の中華人民共和国と民主主義の台湾（中華民国）。現在、台湾は国連で国と認められていません。台湾は自分たちの一部と主張する中国と対立し、1949 年から現在まで緊張状態にあります。

中国 VS 台湾となるまで

1912年
現在の中国で孫文が中華民国建国

1949年
中華民国トップとなった蒋介石が、中国共産党の毛沢東と争い敗れる
←
蒋介石は台湾に逃れる

1971年
国連が中華人民共和国を中国代表と認め、中華民国は国連を脱退

台湾へ…

台湾基本データ

- **正式名称** 中華民国
- **初代総統** 蒋介石
- **政治体制** 民主主義
- **兵　制** 徴兵制

中国が絡む問題 ②

南シナ海問題

中国が領有権を主張!
周辺国と対立

領有権を主張し、実効支配を進める中国に対し周辺国が猛反発。南シナ海では、中国と周辺国による人工島建造とインフラ整備のラッシュとなり中国船舶と各国船の衝突など小競り合いが続いています。

南シナ海には 200 を超える岩礁がありますが、国際法上島とみなされる土地はありません。

南シナ海人工島建設数

中国	ベトナム	フィリピン	マレーシア
7島	20島以上	8島	5島

FOCUS

1

実際に台湾有事が起きたらどうなる!? 実は米国がシミュレーション済み

[米国の支援あり]

台湾の1割未満が中国領に

米軍が参戦した場合は短期間での戦闘で終結し、台湾全土のうち7%が中国の手に渡って終わるという想定です。ただし、米国、日本側の損害も大きくなります。

米国が参戦した場合

戦闘期間
14日

中国による占領地比率
7%

航空機損失

中国	日本	米国
155機	112機	270機

艦艇損失

中国	日本	米国
138隻	26隻	17隻

台湾を有利にするための

戦術例

中国の物資輸送不足を狙う

水深が浅い西側に機雷、深い東側に潜水艦を配備し、中国軍を迎撃する体制がとれれば、武器・弾薬・食糧輸送をストップさせることが可能。それには米軍の力が不可欠です。

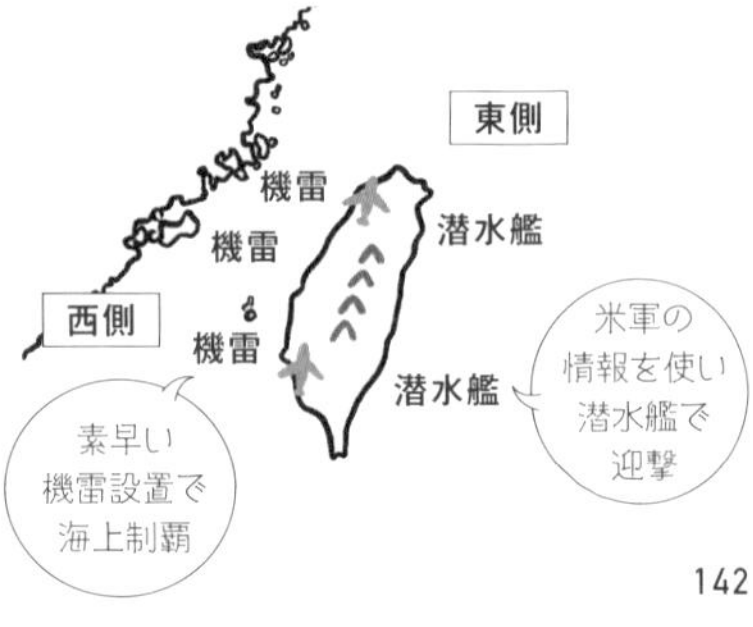

米軍の参戦不可欠！日本にも影響が

台湾統一を掲げる中国は、2022年の党大会で「決して武力行使の放棄を約束しない」と踏み込んでいます。2023年に米シンクタンク「CSIS」が、中国が武力侵攻に出た場合のシミュレーションレポートを発表。それによると、**台湾が中国領となることを避けるには米軍の参戦が不可欠**ということがわかります。また日本の支援も想定したシミュレーションも行われています。さらに日本側の大きな問題として、台湾に2万人以上居住する在留邦人の安全確保もあります。台湾が中国となった後に尖閣諸島が狙われる可能性もあり、台湾有事は日本にも深刻です。

米国の支援なし

台湾全島が中国領に

米軍の支援がなかった場合は泥沼化し、双方に大損害が出る予測に。台湾は全島が中国軍に占領されます。

結果を左右するのは…

兵　站

兵站とは人員・武器・食料などを維持するための軍事上の物流機能。台湾有事では攻める中国軍がそこをどう維持するかが勝負の分かれ目となる予測です。

米国が参戦しなかった場合

戦闘期間	中国による占領地比率
70日	100%

航空機損失

中国	日本	米国
240機	—	—

艦艇損失

中国	日本	米国
34隻	—	—

FOCUS

2

南シナ海をめぐる問題は日本にも影響あり!?

米国の立場

南シナ海は公海とし、2014 年以降、海域で大規模な軍事演習を行い牽制。

50年代から進める「九段線」構想の現在

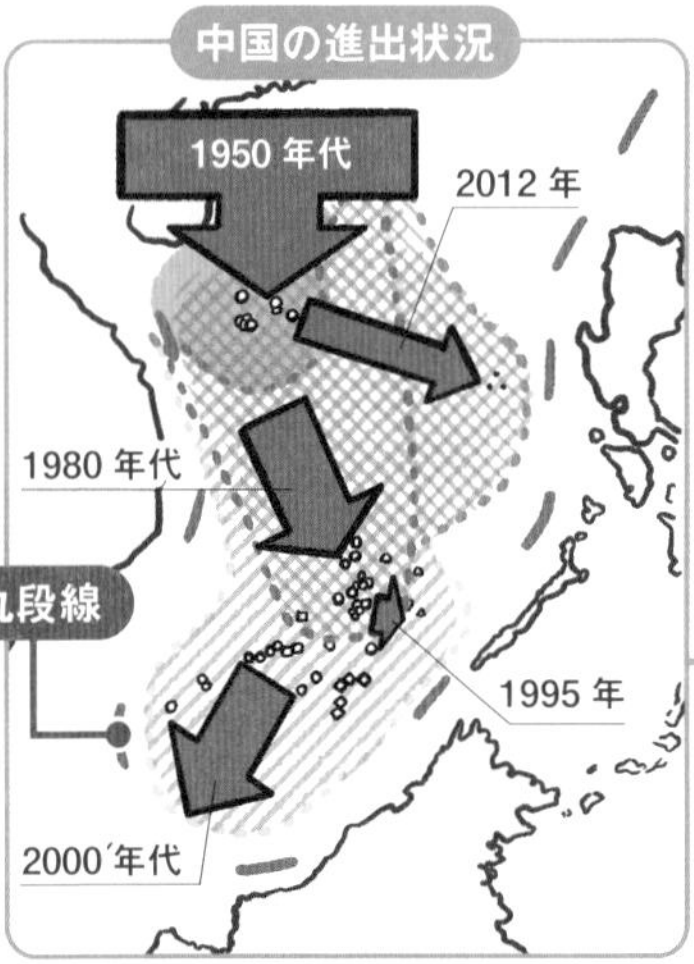

九段線内の岩礁の人工島化や軍事施設化を進め、現在はフィリピン東側までを実行支配（P78）。さらに 2023 年に台湾を含む形の十段線に改め、次は日本の尖閣諸島を含む十一段線とする可能性も。

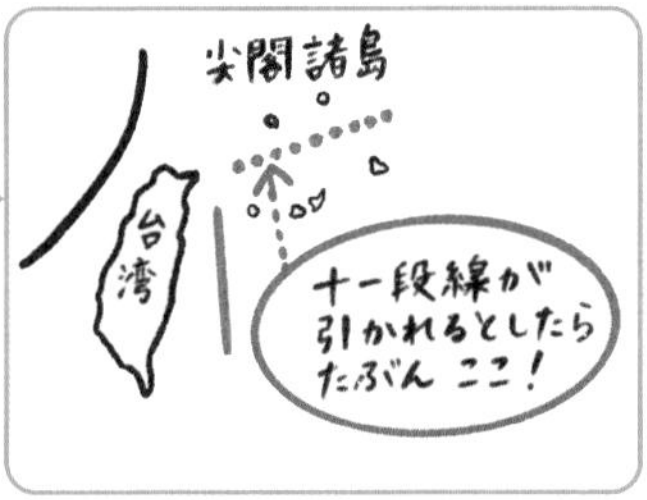

70年以上をかけ海域を実行支配化

中国が南シナ海への進出をはじめたのは、同地域からフランス軍が撤退した１９５０年代。「九段線」構想で南沙諸島までを自国領として主張し、まずは大陸に近い西沙諸島を実効支配。その後、**２０００年代までにフィリピン西側の海域へ進出、軍事拠点化を進めています**。

米国は２０１４年から「航行の自由」作戦で対抗。フランスなどＮＡＴＯ勢力も対中包囲網に参加しています。

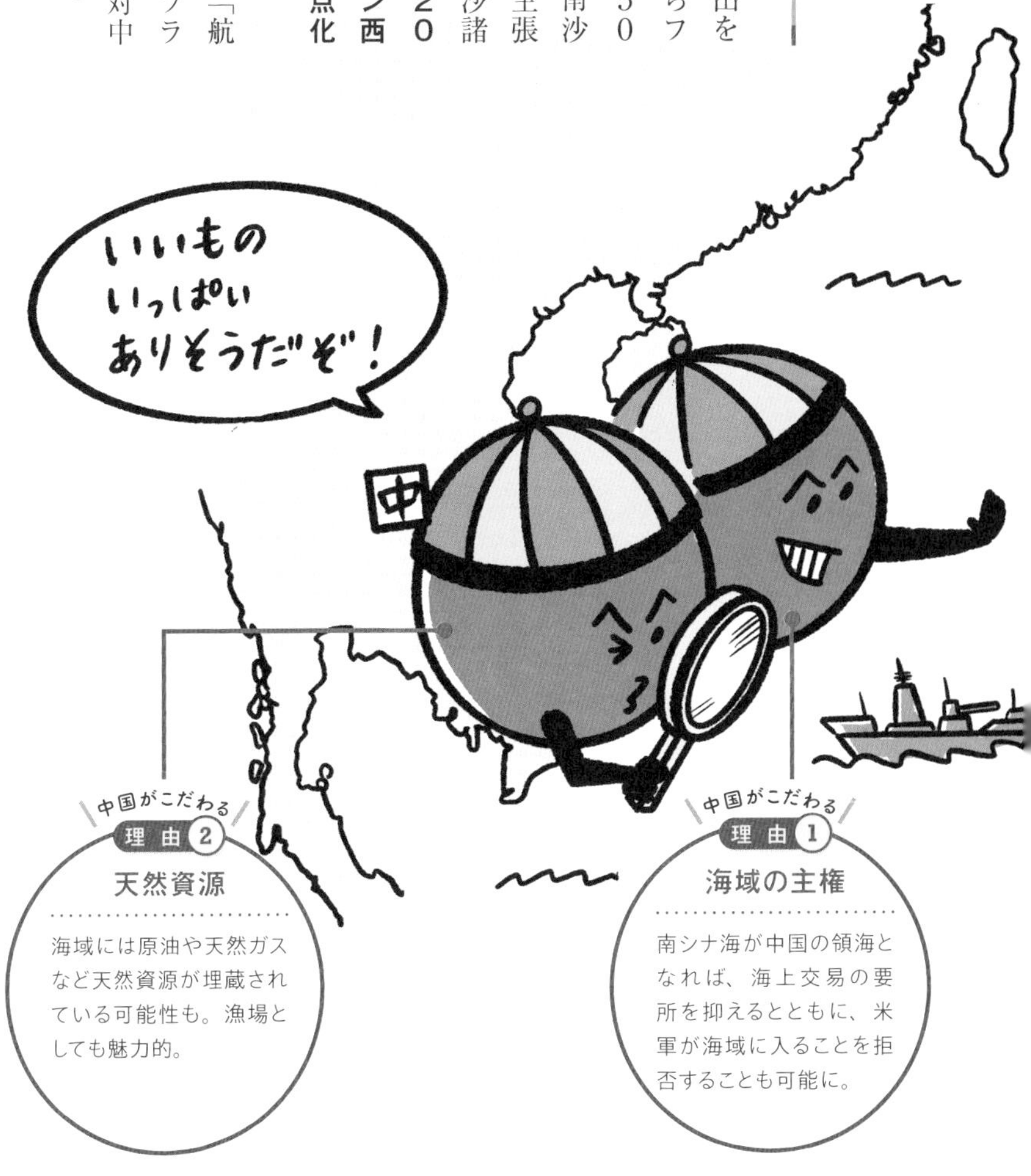

変化する世界の防衛

1

世界の経済の主役変更！アメリカの防衛戦略も変化する

現在までの世界経済

経済の中心にいるインド太平洋が
米国の安全保障の重点地

経済の重心移動で大西洋重視へ？

近年、インド太平洋を最も重視し、多くの軍事リソースを割いてきた米国。しかし、21世紀の後半には、それが変わるかもしれません。**理由は、「経済の重心」の移動**です。2020年にはGDP2位の中国を中心に3位の日本、6位のインドと同地域に経済規模が大きな国々が並びましたが、50年後の予測はそこから変動する見込みです。経済規模が縮小するのは米国も同様

2075年の世界経済

経済の中心が西に移動し
米国の軍事的関心が大西洋へ

途上国がGDPシェアで優位に立つ理由

AIなどの技術開発によって先進国の優位性が崩れ、GDPが人口に左右されるものになるため。

世界の経済推移予想

	2020年	2075年
1位	米国（22.5%）	中国（11.6%）
2位	中国（16.0%）	インド（10.6%）
3位	日本（5.4%）	米国（10.4%）
4位	ドイツ（4.2%）	インドネシア（2.8%）
5位	英国（3.0%）	ナイジェリア（2.6%）
6位	インド（2.9%）	パキスタン（2.5%）
7位	フランス（2.8%）	エジプト（2.1%）
8位	イタリア（2.0%）	ブラジル（1.8%）
9位	カナダ（1.8%）	ドイツ（1.6%）
10位	韓国（1.8%）	英国（1.5%）
11位	ロシア（1.6%）	メキシコ（1.5%）
12位	ブラジル（1.6%）	日本（1.5%）

※ピンクが中南米・アフリカ

で、米国にとっては21世紀後半に向けて、**人口増と経済成長が見込まれるアフリカと中南米に挟まれる大西洋地域こそが重点地になり、防衛の力点を転換する可能性は否定できません。**その動向は、日本とインド太平洋地域の安定の大きな課題です。

変化する世界の防衛

2

気候変動は安全保障にも脅威 温暖化で懸念される2つの問題

地球温暖化により…❶

北極海の海氷減退。資源&航路争奪戦が激化

未発見の天然資源が多く埋蔵さているとされる北極海。これまで厚い氷に覆われ調査や採掘が困難でしたが地球温暖化に伴って海氷が減退し、調査活動が可能に。さらに北極海航路の開拓(P83)も見据え、各国がしのぎを削ります。

北極海が重要な理由 1

未発見の石油・天然ガスが!

世界の未発見の天然資源のうち、石油13%、天然ガス30%が北極海に眠るとされる。

地球温暖化により…❷

海面上昇による島嶼水没の危機! 沖ノ鳥島がピンチ

海面上昇による日本の懸念は、最南端の島・沖ノ鳥島。同島が水没した場合、日本は領海に加え国土よりも大きな排他的経済水域（EEZ）を失うことになります。

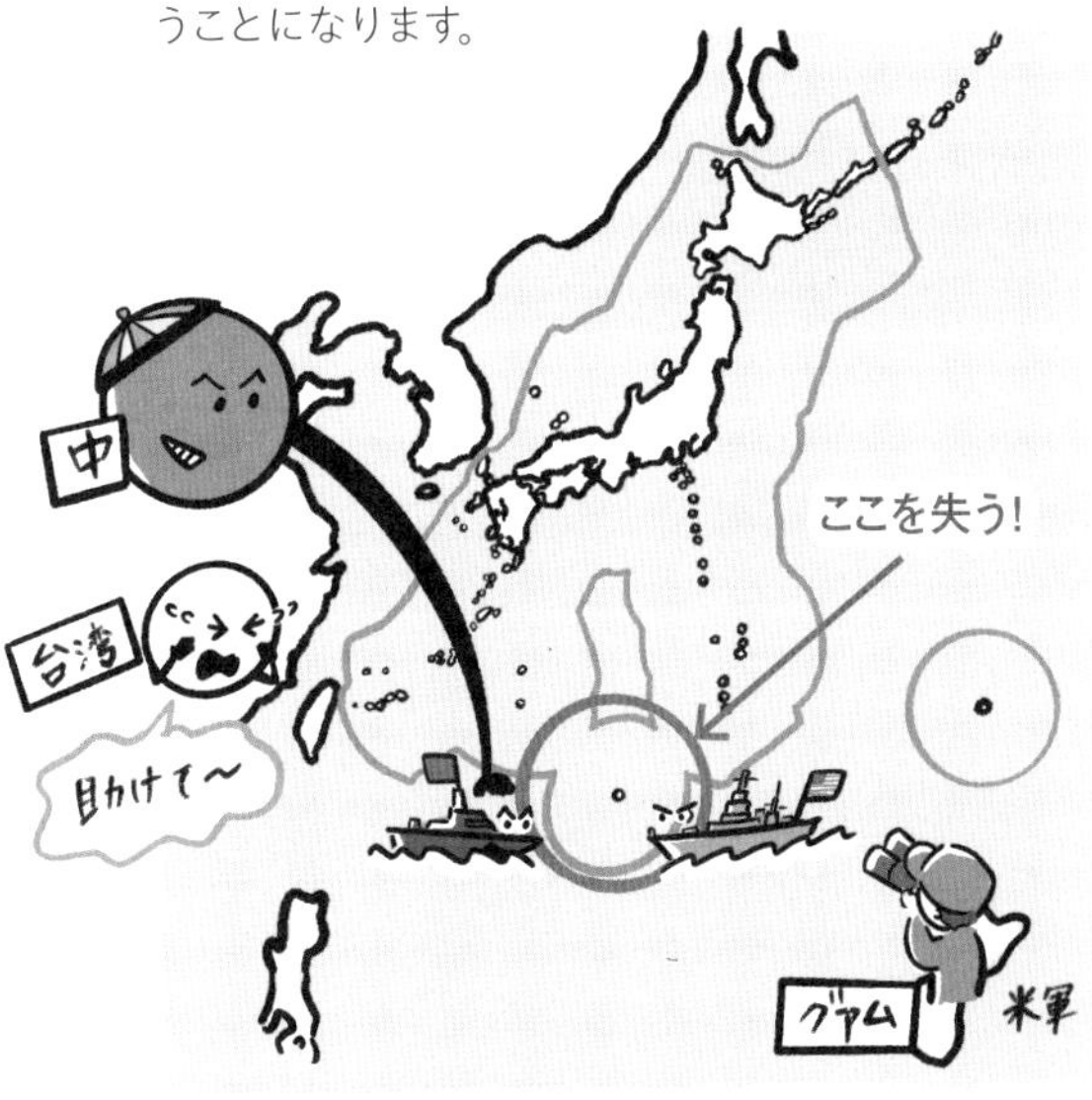

沖ノ鳥島が重要な理由

米軍の活動にも支障が

沖ノ鳥島は米軍の重要基地・グアム島と台湾の中間に位置し、中国艦艇が自由に航行すると、軍事活動の妨げに。

排他的経済水域（EEZ）

沿岸国が天然資源の経済的活動をする権利と海洋の調査や保護・保全などについての管轄権を持つ水域。

北極海が重要な理由❷

北極海ルートで距離短縮

欧州〜アジアの航行では従来のスエズ運河経由ルートよりも航行距離が約 2/3 に短縮される。

変化する世界の防衛 3

戦場から兵士の姿が消える!? ウサデン＆AI領域が防衛の主役に

近未来の戦い方

主要国では宇宙専門の部隊を続々と創設。日本でも航空自衛隊が「航空宇宙自衛隊」へと変更を予定されるなど、その重要性が年々高まっています。

SNS を使った偽情報を拡散し、世論を誘導する手法は、2024年の台湾総統選挙でも中国が行ったとされています。

ハイブリッド戦がこれからの防衛を制す

現在各国ともに力を入れるのは、宇宙、サイバー、電磁波、AI の領域。従来の陸海空 3 領域にそれらを組み合わせたハイブリッド戦を制するものがこれからの防衛を制していくと言えます。

米国ではAIの戦闘機がシミュレーション段階へ。ロシアではAI戦車Uran-9が演習だけでなく実戦にも投入されるなどAIの活用が進められています。

レーダーや通信（データのやりとり）が戦いの成否を握ります。味方の電波を防護し、敵には打撃を与える電磁波領域の戦いが重要となります。

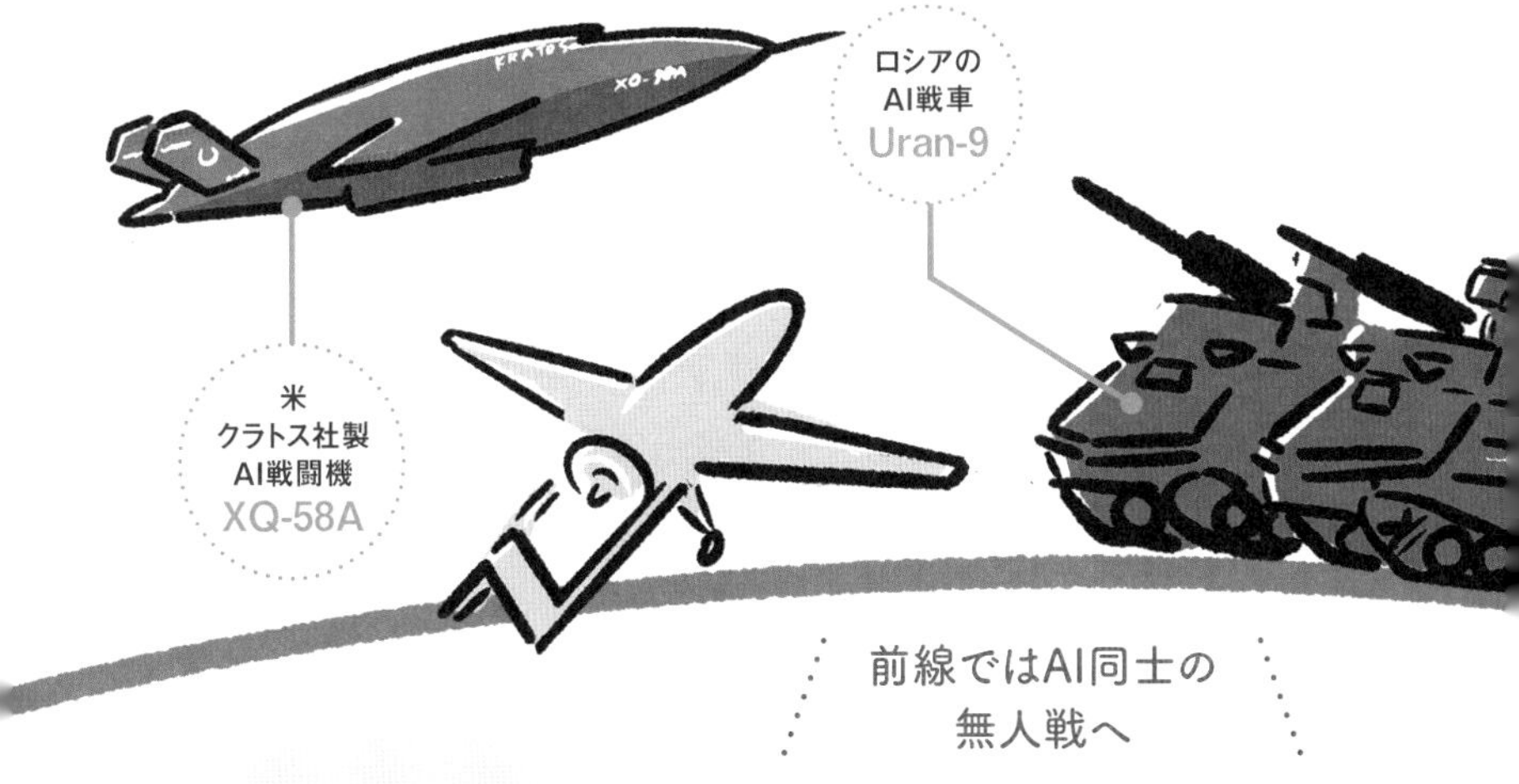

サイバー部隊による情報収集、操作が作戦の要に。さらに遠隔操作で無人機をコントロールするなど、戦場の主役となっていくことが予想されます。

・アメリカ軍階級制度

国によって異なる軍隊の階級制度。
ここでは日本の自衛隊と米軍の階級制度を比較します。

自衛隊階級表

身近な会社に例えると…

	共通呼称			陸上自衛隊の場合	身近な会社に例えると…
指揮官／指導者	幹部	将官	将	陸上幕僚長	→ 社長
				陸将	→ 専務、常務
			将補	陸将補	→ 執行役員 支店長・部長
		佐官	1佐	1等陸佐	
			2佐	2等陸佐	→ 課長
			3佐	3等陸佐	→ 課長代理 係長
		尉官	1尉	1等陸尉	
			2尉	2等陸尉	→ 主任
			3尉	3等陸尉	→ 総合職 一般社員
	准尉		准尉	准陸尉	
実働要員	曹士	曹	曹長	陸曹長	→ 一般職 一般社員
			1曹	1等陸曹	
			2曹	2等陸曹	
			3曹	3等陸曹	
		士	士長	陸士長	
			1士	1等陸士	
			2士	2等陸士	

参照：防衛省HP「自衛官の階級」
※会社の役職との比較は、あくまで目安です。

ひと目でわかる！自衛隊

米軍階級制度

	共通呼称			Army(陸軍)の場合	Navy(海軍)の場合	Air Force(空軍)の場合
指揮官／指導者		元帥	**元帥**	General of the Army	Fleet Admiral	General of the Air Force
	将校・士官	将官	**大将**	Genral	Admiral	General
			中将	Lieutenant General	Vice Admiral	Lieutenant General
			少将	Major General	Rear Admiral Upper Half	Major General
			准将	Brigadier General	Rear Admiral Lower Half	Brigadier General
		佐官	**大佐**	Colonel	Captain	Colonel
			中佐	Lieutenant Colonel	Commander	Lieutenant Colonel
			少佐	Major	Lieutenant Commander	Major
		尉官	**大尉**	Captain	Lieutenant	Captain
			中尉	First Lieutenant	Lieutenant Junior Grade	First Lieutenant
			少尉	Second Lieutenant	Ensign	Second Lieutenant
	准士官	准士官	**准士官**	Chief Warrant Officer 5	USN Chief Warrant Officer 5	-
				Chief Warrant Officer 4	USN Chief Warrant Officer 4	-
				Chief Warrant Officer 3	USN Chief Warrant Officer 3	-
				Chief Warrant Officer 2	USN Chief Warrant Officer 2	-
				Warrant Officer 1	USN Warrant Officer 1	-
実働要員	下士官・兵	最上級下士官	**軍最先任上級曹長等**	Sergeant Major of the Army	Master Chief Petty Officer of the Navy	Chief Master Sergeant of the Air Force
		上級下士官	**准尉**	Sergeant Major Command Sergeant Major	Master Chief Officer Fleet/Command Master Chief Petty Officer	Chief Master Sergeant First Sergeant Command Chief Master Sergeant
				Master Sergeant First Sergeant	Senior Chief Petty Officer	Senior Master Sergeant First Sergeant
		下士官	**曹長**	Sergeant First Class	Chief Petty Officer	Master Sergeant First Sergeant
			軍曹	Staff Sergeant	Petty Officer First Class	Technical Sergeant
			伍長	Sergeant	Petty Officer Second Class	Staff Sergeant
		兵	**兵長**	Corporal Specialist	Petty Officer Third Class	Senior Airman
			上等兵	Private First Class	Seaman	Airman First Class
			一等兵	Private	Seaman Apprentice	Airman
			二等兵	Private	Seaman Recruit	Airman Basic

参照：U.S. Department of Defence "U.S. Military Rank Insignia"

用語集

本章に登場した用語のなかから、
あらためて押さえたいものを解説。
用語を知れば、
日々のニュースがより解像度高く
理解できるはずです。

あ行

ICBM（大陸間弾道ミサイル）

P76ほか

射程が5,500km以上の長距離弾道ミサイル。冷戦期に生まれた概念で、射程距離は米国の北東部から旧ソ連に届くまでの距離が約5,500kmだったことに由来する。

ACSA

P38ほか

物品役務相互提供協定。異なる国の軍隊間で、食料・燃料・弾薬などの物資や輸送・医療といった役務を相互に提供しあうための協定。日本は2024年3月時点で米国やオーストラリア、インドなど7か国と締結している。

安全保障

P18ほか

国家・国民の安全を保障すること。特定の国家が独力または同盟条約を結んで他国に対抗する個別的安全保障と、国家の安全を相互に保障する集団的安全保障に大別される。

イージス・システム

P51ほか

米海軍が開発した艦載の防空システム。レーダー、情報処理装置、スタンダード・ミサイルを主要構成品とし、弾道ミサイル迎撃にも対応する。

イラク戦争（2003年）

P57

2001年のアメリカ同時多発テロ事件に端を発し、2003年3月20日から米国など有志連合とイラク間で行われた戦争。当時の米ブッシュ政権が、イラク・フセイン政権と国際テロ組織「アルカイダ」との癒着を主張したことから始まる。結果は有志連合の勝利となり、イラクは米国の占領統治下に入り民主的な制度が導入されたが、民族・宗派によるイラク国内の分断を招き、過激派組織ISが台頭するきっかけにもなった。

ウサデン

P12ほか

宇宙・サイバー・電磁波領域の頭文字をとった略称。宇サ電とも。「人工衛星による部隊位置の把握」「情報インフラに対するサイバー攻撃とその対策」「装備品のネットワーク化」など、近年重要度を増している領域として各国軍隊による導入が進んでいる。

AI戦車Uran-9

P151

ロシアのカラシニコフ社が開発した、人工知能を搭載した無人式の戦車。2021年の軍事演習「ザーパド2021」で初公開された。いわゆる「殺人ロボット」として、NATOは警戒を強めている。

AUKUS

P67ほか

米国、イギリス、オーストラリアの3ヵ国でつくる安全保障の枠組み。2021年、海洋進出を加速させる中国の影響力に対抗することを目的に立ち上げられた。

「国際公共財」として発展させることを目指す。防衛面では、ビジョンを共有する国同士の共同訓練や途上国に対する能力構築支援などの取り組みを行っている。

尖閣諸島

P54ほか

沖縄県石垣島の北方に位置する、魚釣島、大正島、久場島などからなる島々の総称。1895年に国際法上正当な手段で日本領に編入された。国連によって石油埋蔵の可能性が指摘された1970年代から、中国政府および台湾当局が領有権を主張している。

た行

弾道ミサイル防衛（BMD）

P52ほか

放物線上に飛翔する弾道ミサイル（Ballistic Missile）の迎撃システム（Defense）のこと。日本ではイージス艦による上層での迎撃と、地上から航空機を撃墜する地対空誘導弾「ペトリオット PAC-3」による下層での迎撃を、自動警戒管制システムによって連携させる多層防衛を基本としている。

地政学

P126

国の政策を、風土・環境などの地理的条件から研究する学問。スウェーデンの政治学者チェレン（1864-1922）が初めて用いた。

な行

NATO

P28ほか

北大西洋条約機構。1949年に旧ソ連の脅威を背景として設立された、米国および欧州諸国からなる世界最大の軍事同盟。2024年3月にスウェーデンが加盟し、現在の加盟国は32ヵ国。日本とは、アジア太平洋パートナーとして協力関係を結んでいる。

か行

QUAD

P36ほか

日米豪印戦略対話。日本、米国、オーストラリア、インドの4ヵ国で構成される枠組み。2019年に初めての外相会合が開かれ、2022年には「気候変動」「宇宙」「サイバー」「インフラ」など幅広い分野での連携を強化する方針を打ち出している。

軍令、軍政

P72

軍令は有事における作戦の命令、軍事上の法令や刑罰のこと。軍政は隊員の教育や給与など隊の維持にかかわる行政措置のこと。

極超音速滑空兵器（HGV）

P52ほか

弾道ミサイルから発射されて宇宙空間で分離し、大気圏突入後は極超音速（マッハ5以上）で滑空飛翔・機動する新型兵器。軌道が放物線を描く弾道ミサイルと比べ、縦・横方向の軌道が読みにくく、迎撃がより困難とされる。

さ行

シーレーン

P34ほか

海上交通ルートのなかでも、特に経済や貿易などにとって戦略的重要性を有する航路のこと。

「自由で開かれたインド太平洋（FOIP）」構想

P34ほか

2016年8月、ケニアで開催された「第6回アフリカ開発会議（TICAD VI）」で当時の安倍総理が提唱した安全保障の考え方。世界人口の多くが集中し、日本の主要なシーレーンが通過するインド太平洋地域を代末から1990年台にかけて登場した。後方支援だけでなく、構成員の教育・訓練、基地の清掃、食堂運営、郵便など幅広いサービスを担い、世界各国の軍隊による「業務委託」が進んでいる。

（防衛費の）対GDP費

P45ほか

防衛費がGDPに占める比率のこと。2014年に承認されたNATOの「防衛投資誓約」では、同盟国に対して2024年までに「2%」の達成が求められており、日本での防衛費をめぐる議論もその基準を下敷きにしている。

北方領土

P54ほか

北海道北東の洋上に位置する北方四島(択捉島、国後島、色丹島、歯舞群島)の総称。第二次大戦末期の1945年、日ソ中立条約を破った旧ソ連によって占領され、現在までロシアによる不法占拠が続いている。

ら行

（米軍の）ローテーション展開

P60

A地域を拠点にする部隊が数ヵ月交代でB地域に派遣・展開すること。例えば「オーストラリアへの海兵隊のローテーション展開」は、日本や米本土にある海兵隊部隊が、6ヵ月交代でオーストラリアに展開すること。

ロシアが手を組む国

P90など

ロシアの集団的安全保障は、主に旧ソ連から引き継いだ勢力圏を下敷きにする。NATOに対抗して設立された集団安全保障条約機構（CSTO）は、旧ソ連構成諸国であるロシア、アルメニア（2024年参加凍結）、ベラルーシ、カザフスタン、キルギス、タジキスタン、ウズベキスタンの7カ国が加盟。また、上海協力機構（SCO）では中国とともに地域の安全保障や経済分野での連携を主導する。

認知戦

P10ほか

相手の思考、心理、価値観など認知領域を含む情報戦の一種。自国および他国の世論・意思決定に影響を与えることを主な目的とする。SNSが社会に広く浸透したことで情報の拡散性が大きく増し、国際世論への影響度も高まっている。

は行

ハーグ陸戦条約

P20

1899年、第1回ハーグ平和会議において採択された戦時国際法。正式名称は「陸戦ノ法規慣例ニ関スル条約」。戦闘員・非戦闘員といった用語の定義や、戦時中のタブー（毒の使用、捕虜の非人道的扱いなど）について定められている。

排他的経済水域（EEZ）

P149ほか

沿岸国が天然資源の利用や自然エネルギーの活用に関して、主権的権利をもつ水域。1982年の国連海洋法条約で、沿岸から200海里（約370km）以内と定められている。

パレスチナ解放機構（PLO）

P137

1964年に結成されたパレスチナ解放組織の統合機関。1974年のアラブ首脳会議で「パレスチナ人の唯一の正当な代表」として承認された。オスロ合意以降は、ヨルダン川西岸地域およびガザ地区に自治政府を組織することが認められた。

PMSC（民間軍事警備会社）

P128

軍事関連業務をサービスとして提供する民間の会社。途上国におけるテロリストや反政府武装集団の横行を背景に、1980年

本書の次に読むべき書籍

＼ まず手に取るのは ／

初心者向け

『サクッとわかる ビジネス教養 地政学』（新星出版社）

本シリーズのベストセラー。軍事・安全保障を考える際に欠かせない地政学について要点がわかりやすくまとめられています。

中級者向け

『いま本気で考えるための 日本の防衛問題入門』（河出書房新社）

軍事・安全保障について、入門から一歩踏み込んだ教養書です。

『あなたと日本の防衛を考えたい 』（日経 BP 日本経済新聞出版）

軍事・安全保障を多角的に、そして決して深みに入ることなく解説しています。

＼ 本格的に防衛を知るには ／

上級者向け

『日本人が知っておくべき 自衛隊と国防のこと 』（辰巳出版）

やや難しいですが、軍事・安全保障の土地勘が付いてきたところで挑戦してみたい良書です。

参考書籍

『令和五年版 日本の防衛 防衛白書』、『まるわかり!日本の防衛　はじめての防衛白書』（第3 版）（防衛省）
『いま本気で考えるための 日本の防衛問題入門』（河出書房新社）
『サクッとわかる ビジネス教養 地政学』（新星出版社）
『イラストでまなぶ! 軍事大国ロシア』（ホビージャパン）
『地図でスッと頭に入る 世界の民族と紛争』（昭文社）
『世界の紛争地図 すごい読み方』（三笠書房）
『図解入門 最新 ミサイルがよーくわかる本』（秀和システム）
『最強 世界の戦闘艦艇パーフェクトガイド』（ワン・パブリッシング）

おわりに conclusion

安全保障論議の裾野が広がれば健全な防衛力の育みにつながる

最後まで読んでみて、いかがだったでしょうか。「何となく避けていた」「考えないようにしていた」軍事・防衛問題の輪郭が、おぼろげにでも浮かんできているようであればしめたものです。本書を読み通すことで理解いただいたように、「軍事・安全保障」は単に我々の生命・財産や基本的価値を守るだけではなく、程度に差はあれ国際情勢に必ずと言っていいほどかかわっています。

ところで第一次世界大戦の終戦時にフランスの首相だったクレマンソーは、「戦争は軍人だけに任せるにはあまりに重大である」という名言を遺しています。

広範囲に影響が及ぶ軍事・防衛問題を、決して専門家に任せきりにしてはいけません。専門家は部分的な合理性を追求しますが、それは全体の合理性と合致する場合もあれば、そうでないことも少なくありません。

そのような場合には、軍事・防衛問題では「文民統制」による決断が求められます。

軍事力に対する民主主義的な政治による統制を意味しますが、その政治は主権者・有権者が選ぶ国民の代表によって運営されます。間接的ではありますが、軍事力に対する文民統制は、この本の読者の皆さん一人ひとりがかかわっています。

私は軍事や防衛問題を語る際に、「阪神ファンの応援心理」ということを言っています。関西の阪神ファンの間では、かつて一流選手だった野球評論家（いわゆる専門家）から、街のおっちゃん・おばちゃん、小学生の少年少女まで、特に負け試合の後では「あの監督の判断はダメや」とか、「あそこでの投手交代はアカン」という論評に熱が入ります。ときに阪神ファンの世論は監督や球団社長の辞任・解任を引き起こしますが、その世論においては野球評論家も小学生も平等です。

安全保障も同じで、専門家に限られることなく、いろいろな人が議論することが大事です。安全保障論議の裾野を広げることは、「文民統制」が正しく機能するためにも欠かせません。健全な防衛力は、このような社会によって育まれます。

本書の読者によって、安全保障論議の裾野が広がることを期待して止みません。

小野 圭司

小野圭司（おの・けいし）

防衛研究所 主任研究官

兵庫県生まれ。京都大学経済学部卒業後、住友銀行を経て、97年に防衛庁防衛研究所に入所。社会・経済研究室長、特別研究官などを経て24年より主任研究官。専門は戦争・軍事の経済学、戦争経済思想。著書に『戦争と経済 舞台裏から読み解く戦いの歴史』（日経BP 日本経済新聞出版）、『いま本気で考えるための 日本の防衛問題入門』（河出書房新社）、『日本 戦争経済史 戦費、通貨金融政策、国際比較』（日本経済新聞出版）など

サクッとわかる ビジネス教養　防衛学

2024年5月25日　初版発行
2024年7月5日　第2刷発行

監修者　小野圭司
発行者　富永靖弘
印刷所　公和印刷株式会社

発行所　東京都台東区台東2丁目24　株式会社 新星出版社
〒110-0016　☎03(3831)0743

ISBN978-4-405-12034-1